DE LA INFLAMACIÓN
AL BIENESTAR

Elena Gallardo

DE LA INFLAMACIÓN
AL BIENESTAR

Neurociencia para regular tu sistema nervioso
y mejorar la conexión cuerpo-mente

© 2024, Elena Gallardo
© 2024, Editorial Pinolia, S. L.
Calle Cervantes, 26
28014, Madrid

www.editorialpinolia.es
info@editorialpinolia.es

Colección: Divulgación científica
Primera edición: noviembre de 2024

Depósito legal: M- 22648-2024
ISBN: 978-84-19878-90-8

Diseño y maquetación: Juan Granadino
Diseño de cubierta: Óscar Álvarez
Corrección: Sabela Arranz
Impresión y encuadernación: Industria Gráfica Anzos, S. L. U.
Printed in Spain - Impreso en España

*A mi hija Amanda que, pese a su corta edad,
me enseña a ver la vida con una extraordinaria
belleza mientras yo le enseño a perseguir sueños.*

ÍNDICE

PRÓLOGO

Nuestro cerebro fue diseñado para adaptarse a un entorno primitivo, por lo que las exigencias y el estilo de vida característicos de la sociedad actual le suponen un gran desafío. Entender cómo funciona este órgano y su estrecha comunicación con el resto del cuerpo resulta crucial en tiempos modernos, en los que nuestra salud se ve mermada por influencia del entorno. Sin embargo, existe un problema generalizado, y es que perdemos perspectiva de cómo debería ser nuestra salud corporal y cognitiva en niveles adecuados, y rara vez tomamos medidas antes de que la patología se manifieste o, simplemente, sintamos dolor.

En la sociedad de las prisas, vivimos con la atención secuestrada la mayor parte del tiempo. Esto nos incapacita para percibir las señales que nuestro cuerpo envía como resultado de la frenética actividad de nuestro cerebro, en ocasiones, saturado de información y muy inflamado.

La sensación de vientre inflamado, patrones inadecuados en nuestra respiración, malas digestiones, irritación constante de la piel o continuos despertares nocturnos son, en muchas ocasiones, síntomas de un sistema nervioso desregulado.

Nuestro cerebro comunica con los grandes sistemas de nuestro cuerpo haciendo malabares por lograr un ansiado equilibrio. Hay factores intrínsecos a este que podemos aprender a regular, como pueden ser la respiración y el movimiento, los cuales aportan numerosos beneficios sobre el cerebro. Otros factores forman parte de nuestro entorno y resulta imprescindible aprender a usarlos en nuestro beneficio. Algunos son el contacto con entornos naturales, exposición a la luz natural o la música. Todas estas técnicas reguladoras nos van a permitir desarrollar el recurso más preciado para el cerebro: la atención corporal. Nuestro cerebro ya produce atención, pero en tiempos de sobreinformación agolpada o infoxicación, no la desarrollamos en los niveles adecuados. Esto merma considerablemente el estado de nuestra salud y bienestar.

Desarrollar atención corporal nos va a permitir apreciar sensaciones físicas y asociarlas a determinados síntomas de desregulación. Entender que esos síntomas corporales están relacionados con otros cognitivos, es comprender el sutil lenguaje entre nuestro cerebro y nuestro cuerpo.

¿CÓMO PUEDO AYUDARTE?

Lector, lectora… con este libro te muestro la manera en que, a través del nervio vago y de la inflamación, tu cerebro y tu cuerpo se comunican:

- Aprenderás a cuidar de tu nervio vago para hacer que tu sistema nervioso sea robusto, flexible y resistente al estrés e inflamación.

- Aprenderás que un cuerpo inflamado es un cerebro inflamado, lo cual se traduce en niebla mental, pérdida de memoria o del lenguaje fluido, entre otros efectos. Te enseñaré a identificar los signos de la inflamación.
- Aprenderás a activar palancas de acción en tu cuerpo para regular tu sistema nervioso a través del movimiento corporal y el uso de recursos reguladores.
- También aprenderás a mapear tu sistema nervioso de manera fácil e identificar en qué estado de desregulación te encuentras.
- Y, sobre lo anterior, te regalo una guía de autocuidado con acciones detalladas para realizar de manera autónoma, según el tipo de desregulación que experimentes.

Te ofrezco neurociencia, biología y medicina expresados con un lenguaje sencillo y con ejemplos cotidianos, puestos al servicio de un libro que, espero, pueda convertirse en tu manual de consulta. El verdadero valor de nuestra salud reside en nuestro autoconocimiento. Solo con el conocimiento puesto en práctica podemos cuidar de nosotros mismos y también de los demás.

PARTE 1

1
TODO ES INFORMACIÓN
PARA NUESTRO CEREBRO

La única forma en la que prestamos atención es a través de nuestros sentidos. Todo cuanto nos rodea son estímulos sensoriales y todo cuanto necesitamos para emprender nuestras acciones es atender.

Durante cientos de años hemos entendido la salud como un concepto amplio, cuyo deterioro estaba asociado a un determinado órgano o sistema de nuestro cuerpo. Por ejemplo, si pensamos en una subida de la tensión arterial y rápidamente lo asociamos al corazón o sistema cardiovascular.

El cuerpo humano funciona como un entramado de sistemas —los órganos— que se interrelacionan constantemente para su adecuado funcionamiento. Podríamos asemejarlo a una gran orquesta donde la batuta la lleva el sistema nervioso. Este último, constituido por el cerebro y los nervios, es el más evolucionado con diferencia, y tiene la difícil tarea de coordinar el resto de los sistemas de nuestro cuerpo garantizando su correcto funcionamiento.

También se podría decir que nuestro sistema nervioso actúa como un centro de operaciones en el que se monitorizan constantemente el resto de las funciones vitales y los sucesos que tienen lugar en su entorno más directo. Sí, como lo lees. Además, procesa esa información del entorno exterior, lo cual resulta un suculento plato de datos que contribuyen también al estado de salud. Podríamos afirmar que, durante cada momento de nuestras vidas, existe un constante juego cruzado de información entre nuestro cuerpo, nuestro cerebro y el entorno.

Nuestro cerebro está continuamente supervisando qué hacemos, monitorizando la frecuencia respiratoria, el nivel de hormonas, cómo es la digestión, el nivel de ruido al que se está expuesto o la calidad de las conversaciones. Analiza constantemente todos esos datos para informar del estado en el que nos encontramos. Para ello, se apoya en numerosos sistemas a los que coordina, realizando una importante labor de gestión. Se ocupa de que el sistema digestivo esté recogiendo información de los alimentos que se ingieren o de los que aún no se han ingerido, informando así a los centros nerviosos específicos de un posible estado de hambre o saciedad. Por otra parte, trabaja estrechamente con el sistema inmune que recoge información de lo que está sucediendo física y emocionalmente para, así, activar mecanismos de defensa o inflamación, un concepto que por cierto será relevante en los próximos capítulos, entendida como una vía de comunicación con el cuerpo.

Cuando comprendí hace algún tiempo que nuestro cuerpo y cerebro están recibiendo cantidades ingentes de información sensorial a lo largo de nuestro día —muchas veces de forma consciente, y otras, en gran medida, de manera inconsciente—, entendí el papel tan importante que desempeña la información sensorial para nuestras vidas y el desarrollo adecuado de nuestros cerebros.

Con lo anterior, puedo afirmar que la información sensorial va a condicionar multitud de respuestas que producimos en la edad adulta (llámense respuestas a pensamientos, movimientos o emociones). Sin embargo, un dato muy importante es que la información sensorial es clave para el desarrollo del cerebro de un niño y adolescente, cuyo proceso de maduración culmina próximo a los veintiún años. Hace ya mucho tiempo que supimos que las personas no solo son fruto de la herencia genética —es decir, de lo que han heredado de mamá y papá—, sino también de su interacción con el entorno. En esta dimensión experiencial, interviene en gran medida la exposición sensorial a la que esté expuesto cualquier niño o adolescente, siendo esto clave para el moldeado de su cerebro. Detrás de este concepto de experiencia sensorial y moldeado del cerebro, subyace un gran y desconocido sistema que convive con nosotros casi sin molestar, y que es uno de los más relevantes, históricamente hablando, en la especie humana: el sistema somatosensorial. Este sistema es el responsable de nuestros sentidos y desde tiempos ancestrales se ha encargado de mantenernos alerta, en estado de hipervigilancia, para no ser depredados, por ejemplo.

Sin embargo, es fácil pensar en los sentidos y asociarlos a los clásicos órganos: la nariz, las papilas gustativas, los ojos, el oído y nuestra piel. Para nuestro cerebro son verdaderos canales de entrada de información, la cual luego va a ser procesada a modo de datos como si de una gran supercomputadora se tratase.

Llevo años especializada en uno de esos sentidos, en concreto, el tacto. Es un campo apasionante. Para empezar, el tacto está principalmente asociado a la piel, siendo este el órgano más extenso que tenemos en nuestro cuerpo. Si nos detenemos a pensar, tenemos piel en prácticamente cualquier centímetro de nuestro cuerpo. No es descabellado decir que su función ya no debe ser algo menor. Sin embargo, el sentido del tacto también reside internamente en los llamados tejidos blandos, aquellos tejidos que sirven de pegamento entre otros, tales como los que constituyen una articulación. Supongo que a estas alturas ya nos estamos dando cuenta de la importancia del tacto también asociado al aparato locomotor, dado el gran número de articulaciones que tenemos en nuestro cuerpo. Asimismo, existe sentido del tacto en nuestros órganos más internos, los viscerales, tales como el corazón, el hígado o el intestino, entre otros.

Con todo esto, el tacto se extiende vastamente de forma externa e interna en nuestro cuerpo, proveyendo una información muy valiosa a nuestro cerebro y a ti como intérprete. «Aprender a escuchar», este sentido asociado al sentido corporal —lo que llamaremos más adelante atención o conciencia corporal (capítulo 12)—, nos va a permitir aumentar nuestro nivel de conciencia frente a la salud y el estado de nuestro cuerpo. En otras palabras, conocernos mejor y poder intervenir a tiempo.

EL DESAFÍO ACTUAL DE NUESTRO CEREBRO FRENTE A LA INFORMACIÓN SENSORIAL

Como vengo diciendo, los humanos existimos dentro de un ecosistema de sobreinformación y nuestro cerebro debe procesar todos esos datos, lo cual lo agota profundamente. Ante todo, nuestro cerebro es un ávido consumidor de luz, sonido y movimiento. Y estos tres elementos son el abecé del ahora predominante estilo de vida basado en dispositivos tecnológicos y redes sociales. Como comentaba anteriormente, consumimos información de manera intencionada, pero también de forma inconsciente. La sociedad actual está diseñada para atraer la atención de nuestro cerebro y así fomentar el consumismo.

El inconveniente viene cuando sobreexponemos diariamente a nuestro cerebro a grandes dosis de información sensorial. Para enfrentar esto, existe una región en él llamada tálamo que se ocupa del filtrado de lo que nuestros sentidos perciben; es decir, que discierne lo que es relevante de lo que no lo es, aquello que ya es conocido de lo que no, actuando como si de un cuello de botella se tratase. La información que atraviesa ese cuello alcanzará las áreas más externas de nuestro cerebro —las áreas corticales sensoriales— donde será procesada para transformarse en una respuesta (pensamiento, emoción o movimiento).

Es lógico pensar que, en una sociedad hiperconectada, el tálamo se enfrenta a una ardua tarea de filtrar ese exceso de información. Esto, indudablemente, tiene efectos negativos sobre nuestro propio cerebro, pues conlleva, de un lado, a su agotamiento, y de otro, a la incapacidad para consolidar un pensamiento profundo. Pasamos tanto tiempo sobreexcitados consumiendo información sensorial que la falta de detención y atención sobre ello nos obliga a pasar de manera superficial sobre nuestras propias respuestas biológicas. No nos detenemos a pensar en profundidad, tenemos emociones fugaces, desproporcionadas y desadaptadas, y por tanto comportamientos caracterizados por exceso o bloqueo motor —algo sobre lo cual no reparamos en la gran mayoría de las ocasiones—.

Sin duda, una de las consecuencias más devastadoras de la infoxicación es su repercusión sobre la salud general de nuestro cuerpo. En el cuarto capítulo veremos cómo un cerebro agotado, estresado y sobreestimulado tiene efectos muy negativos sobre nuestra salud; en concreto, sobre nuestro estado de inflamación.

2
DOSIS DE MICROESTRÉS Y SU IMPACTO EN LA SALUD

El estrés social es algo externo a ti. Aprender a identificarlo nos lleva a aprender a combatirlo.

Nunca estamos completamente exentos de sufrir estrés ocasionado por un exceso de información. Esto es inevitable hoy en día, especialmente a partir de los treinta años, cuando se presupone que empiezan los malabares entre las diferentes facetas de tu vida: familiar y laboral. Vivimos inundados de información, realizamos esfuerzos titánicos en nuestros trabajos para recibir un salario medio y el azúcar, alcohol y sedentarismo están muy presentes en nuestras vidas. Todo apunta a añadir mayor presión o exigencias en nuestras vidas y, al mismo tiempo, parece que recibimos menos ayuda.

Me gusta poner el ejemplo de la planificación de unas vacaciones. *A priori*, debería ser un plan ilusionante, motivante. Sin embargo, si comparamos con lo que sucedía en generaciones atrás, habitualmente se acudía a una agencia de viajes y ellos se encargaban de cualquier mínimo detalle de la planificación. Actualmente, muchos de nosotros elegimos planificar las vacaciones por nosotros mismos por falta de tiempo o por intentar ahorrar ese coste añadido asociado a la agencia. Lo que debía ser una tarea placentera se convierte en una sobrecarga de quehaceres y esfuerzos para garantizar un viaje a la altura de las expectativas. Naturalmente, el coste añadido aquí es el tiempo personal y el agotamiento de tu cerebro al haber consumido información sobre destinos, compañías aéreas, conexiones y recomendaciones de visitas culturales. Y ruegas que el viaje salga según lo previsto, pues, de lo contrario, ese esfuerzo titánico no habrá servido para nada. A pesar de esto, muchos de nosotros somos indiferentes al estrés. Normalizamos situaciones en nuestras jornadas diarias en las que consumimos información de diferente naturaleza, sin criterio y orden alguno, lo cual nos aleja de ese lugar de tranquilidad y sosiego tan necesario.

Me gusta afirmar que debemos ser capaces de identificar nuestros tiempos de reposo y volcar en ellos descansos de calidad. Para una persona como yo, madre de familia y profesional, no siempre es fácil lograr un breve espacio de tiempo en el día para ti. Sin embargo, en ocasiones podemos tenerlo, pero no lo sabemos ver o aprovechar. Después de una jornada laboral de ocho horas, en la que llegas a casa cansado mental y físicamente, justamente lo menos recomendable es hiperconectarse al móvil, consumiendo de manera voraz información. Haz que tus descansos sean también tiempos de quietud mental y recuerda que tu cerebro es un ávido consumidor de luz, sonido y movimiento, de tal forma que, si le das ese combustible, contribuirás a su mayor agotamiento. En el capítulo 14 hablaremos de la importancia de evitar el móvil en las horas previas a dormir, y aportaré pautas para adquirir una mejor conciliación del sueño desde un punto de vista neurocientífico.

Lo cierto es que vivimos ajenos a todo esto pues andamos sumergidos en la espiral de vivir en automático (sobre esto hablaremos extendidamente en el capítulo 11). Conforme más lo repetimos y pasamos por esta espiral en nuestro día a día, más lo vamos registrando en nuestro cerebro hasta que se le atribuye la etiqueta de normal. Esto dificulta enormemente ser capaces de identificar posibles agentes estresores o signos de defensa de nuestro cerebro y cuerpo, que nos avisan de un estado de deterioro de nuestra salud.

Particularmente, con la reciente explosión tecnológica, al mismo tiempo que para ciertas cuestiones nos ayuda, esta también nos genera más trabajo y dolores de cabeza, lo cual añade estrés en nuestras vidas. Yo lo llamo dosis de *microestrés* o DME. Todas ellas proceden de la presencia tecnológica o de la simple condición familiar como padres de familia o de la situación laboral. Seguramente si eres responsable de equipos, directivo o simplemente un empleado con exceso de trabajo o no valorado, no habrá día que no sufras de estas pequeñas dosis.

Para ilustrar el concepto de dosis de microestrés, presento a continuación una breve muestra de un día cualquiera de mi jornada con grandes dosis de realismo, microestrés y divertidas anécdotas:

16 de enero de 2024

Aquel día me acosté más tarde de lo habitual y mi despertador sonó como habitualmente a las 6:10 a. m. (DME 1). Lo apagué somnolienta y seguidamente revisé la actualización de Instagram en mi móvil, donde un conocido postea un maravilloso atardecer en Maldivas. Eso me recuerda que yo no estoy de vacaciones y me genera cierto aire de deseo, al mismo tiempo que de envidia (DME 2). Sin preverlo, comienzan a saltar notificaciones de noticias con fatídicas imágenes sobre una explosión de gas (DME 3), así como un titular sobre un accidente ferroviario en Francia. Las imágenes eran estremecedoras (DME 4). Casi sin darme tiempo a reaccionar para incorporarme de la cama (sabía que debía ponerme en pie lo antes posible para activar la maquinaria de salida para el colegio de mi hija [DME 5]), recibo un mensaje en el móvil a la vieja usanza (un SMS) de que mi próximo vuelo internacional, ya reservado con anterioridad, ha cambiado de hora. Ha sido adelantado con el agravante de que el tiempo de escala entre los dos vuelos se reduce considerablemente (DME 6). Aquel SMS fue como si se presentase delante de mí un soldado junto a su caballería hablándome en turco (la compañía de vuelo era de Turquía) y comunicándome de manera hostil y entre líneas, que debía cambiar mi vuelo para no desatar un conflicto el día del viaje. Naturalmente, aquel soldado y su batallón me generaron mucho desasosiego pues viajaba sola con mi hija de regreso a España, y el tiempo de escala en un aeropuerto internacional siempre debe ser, al menos, de dos horas. Ahora, el tiempo se reducía a una hora. El soldado se esfumó y yo decidí contenidamente posponer esta tarea de modificación del vuelo para la tarde, presuponiendo que tendría algo de tiempo para ello. Ahora la prioridad era continuar con la maquinaria diurna.

Desperté a mi hija de 5 años y seguidamente advertí por la ventana que estaba lloviendo (DME 7). Esto me dibuja automáticamente en mi cabeza la imagen de caos en la carretera. Por aquel entonces vivía en Emiratos Árabes, donde no era frecuente ver ese clima y los episodios de lluvia puntuales generaban un verdadero descontrol en una ciudad no preparada para el agua. Se me activaron todos los mecanismos de alarma y me recordaron que debía acelerar los preparativos de mi hija para salir antes de lo habitual de casa (DME 8).

Mientras ella se vestía, yo preparaba su desayuno y su almuerzo en su lunch box, que debía llevar cada día al colegio. Ese martes tocaba salmón a la plancha y debía cocinarlo esa misma mañana para que estuviera lo más fresco posible (DME 9). Mientras dejaba todo listo, parecía que mi hija aún no había pasado por el aseo, lo cual me ponía aún más irritable pues el tiempo de salida apremiaba (DME 10). Con voz somnolienta me comenta que esa noche ha pasado frío, lo que me recuerda que ya es momento de hacer el cambio al edredón, pero como tarea engorrosa, debería esperar al fin de semana, como un quehacer doméstico añadido en tu tiempo de ocio y/o descanso (DME 11).

Cuando mi hija al fin sale junto a su padre por la puerta para el colegio, me preparé mentalmente para afrontar una nueva jornada laboral. Antes de meterme en la ducha, no pude evitar mirar la bandeja del correo electrónico del trabajo y la avalancha de emails me ponen en situación de alerta (DME 12). Mientras me duchaba, comenzaban a sobrevolar en mi cabeza un sinfín de tareas que, si bien son importantes para ser productiva en mi trabajo, no estaban directamente relacionadas con el mismo. Una de ellas me recuerda que debo hacer seguimiento sin falta ese día al departamento de soporte de la empresa para solucionar el problema que llevo arrastrando días con la aplicación digital corporativa de teleconferencias (DME 13). Esto no depende de mí y me pone en una situación algo aguerrida, pues sé cómo de importante es que me lo solucionen. Al mismo tiempo, durante el aclarado del champú, se me cruza el pensamiento de sacar del congelador los filetes de ternera para la cena de esa noche. No me estresa, pero es una tarea más.

Cuando salgo finalmente de la ducha, pienso en el día tan denso que me espera entre lo laboral y pasar tiempo con mi hija por la tarde, posponiendo otras tareas al final del día. Esto, probablemente, me hará buscar el descanso a última hora del día, con el agravante de acostarme más tarde de lo que me gustaría y vuelta a empezar. Soy consciente de estar recortando las horas de sueño (DME 14).

Arranco mi jornada laboral. Teletrabajaba por aquel entonces y, por suerte, siempre he presumido de que, a pesar de la condición digital de mi empleo, soy capaz de silenciar todas las notificaciones de mi móvil para evitar distracciones. Esto es algo en lo que había insistido durante mucho tiempo con mi equipo de trabajo y otros compañeros. La forma de comunicar debe ser siempre el email o el chat de la aplicación de teleconferencias corporativa (aplicación que, por cierto, era la que me estaba dando problemas). Sin embargo y a pesar de las indicaciones dadas, siempre aparecía algún mensaje por WhatsApp de algún compañero que prefiere acortar los tiempos y buscar el atajo fácil y menos profesional. Esto naturalmente me generaba malestar cuando realmente no era algo urgente y que podía esperar (DME 15). Sobre todo porque recuperar la atención conlleva de media en torno a seis minutos, de tal forma que este tipo de interrupciones afectan a la concentración y al rendimiento.

Seguidamente siento que algo me oprime el estómago. No se trata de un alimento o hambre, sino de nervios que se manifiestan en mi sistema digestivo. Desde hace algún tiempo atravieso un momento de incertidumbre en la empresa pues existen diferencias de opiniones y desavenencias en las decisiones de la dirección (DME 16). Sobre todo, estaba viviendo desde hace algunos meses una situación de completa opacidad con mi responsable más directo, lo cual hacía que mi sistema digestivo estuviera en pie de guerra desde hacía mucho tiempo. También acuso ciertas afectaciones dérmicas. Soy consciente de que, probablemente, esta sea la dosis de mayor estrés en mi jornada pues sé que me toca enfrentar una conversación muy difícil, de esas que si no afrontas, acaba oliendo como el pescado que dejas mucho tiempo en la nevera (DME 17).

Podría continuar con una larga lista de otros DME en mi día a día. Seguramente los tuyos sean similares, aunque tendrás otros de otra naturaleza a lo largo de tu día. Si nos dedicáramos a analizar la diversidad de DME, este libro se haría irremediablemente muy extenso y perdería su principal objetivo: ayudar a comprender qué está sucediendo en tu cerebro y cuerpo frente a episodios de estrés mantenido en el tiempo, con el fin de aportarte recursos para ayudar a combatirlos.

Es muy importante que te hayas sentido identificado con algunos de ellos, pues aumentará tu implicación con las pautas que te iré ofreciendo. El libro tiene un perfecto hilo conductor y, al mismo tiempo, está segmentado en capítulos según contenidos principales, de tal manera que, según sientas el tipo de necesidad, podrás recurrir a uno u otro. Tómate tu tiempo en leerlo y no tengas prisas. Estoy segura de que se convertirá en un adecuado libro de cabecera para tomar conciencia y mejorar tu autoconocimiento frente al día a día. No puedo ofrecerte un remedio para evitar estas dosis de microestrés y estado de inflamación derivado, pero sí pretendo ayudarte a que seas capaz de identificarlos y comprender los diferentes estados de tu sistema nervioso para actuar en consecuencia. No olvides que la neurociencia ve ángulos del cerebro y su relación con el cuerpo donde otras ciencias empíricas no llegan. Quiero ofrecerte ese conocimiento que, sin duda, se convertirá en un gran aliado para ti.

3
ESTRÉS, INFLAMACIÓN Y CEREBRO

Tu cuerpo es irremplazable y una de sus principales
amenazas es la inflamación. No poner remedio a
esta, sería luchar siempre en las trincheras.

El estrés no resuelto y mantenido en el tiempo provoca cambios fisiológicos en nuestro cuerpo. La primera consecuencia es que sobreestimula nuestro sistema de defensa (nuestro sistema inmunológico), haciendo que este difícilmente descanse. Se inicia así la activación de células a modo de cascadas con la finalidad de proteger nuestro organismo, pues detectan una amenaza puntual o mantenida en el tiempo. La exposición continuada a las dosis de microestrés van a generar un estado de inflamación en nuestro organismo que, si bien de bajo grado, es una inflamación cuya persistencia puede conducir al deterioro de nuestra salud de forma inequívoca.

Hablamos aquí de la llamada inflamación de bajo grado, silenciosa o silente. Se trata de una inflamación que avanza de forma silenciosa alterando las funciones de diversos sistemas (el digestivo, la piel, el cardiovascular... entre otros) y aunque en primera instancia sus consecuencias no son lesivas, el mantenimiento de ese estado proinflamatorio comienza a generar cambios en las funciones de estos sistemas.

Los mecanismos de inflamación se extienden de forma general en nuestro cuerpo. Se trata de un macrosistema —el inmunológico— cuyas células están siempre preparadas y al acecho en cualquier parte de nuestro cuerpo para responder frente a una determinada lesión o amenaza.

La inflamación es el lenguaje a través del cual se comunica nuestro sistema inmunológico (sistema de defensa) cuyas células están presente en todo nuestro cuerpo. Este sistema es la principal vía de comunicación cerebro-cuerpo.

Cuando se activa este sistema, sus células se comunican entre sí a través de mensajeros, es decir, moléculas que envían información a otras partes de nuestro cuerpo. Es frecuente que esta información se disemine por otras regiones ocasionando lo que llamamos un proceso inflamatorio inespecífico. Sin embargo, el dato más relevante es que esos mensajeros también pueden alcanzar nuestro cerebro, inflamándolo.

La inflamación de nuestro cerebro supone una alteración de sus funciones, de forma que cuando sufrimos una determinada lesión corporal podemos esperar los siguientes síntomas en nuestro cerebro:

- emociones: sentimos irritabilidad;
- atención: tenemos dificultad para concentrarnos, niebla mental;
- lenguaje: falta de apetencia por hablar, dificultad con la fluidez verbal;
- memoria: dificultad para retener nuevos datos o recordar eventos;
- actividad motora: sensación de inmovilización, entumecimiento y/o desconexión con el cuerpo.

No debemos olvidar que el cerebro está constituido por numerosas regiones que se ocupan de diferentes funciones. Entre ellas, cabe citar aquellas destinadas al lenguaje, la actividad motora, las emociones, la memoria o la atención, entre otras. Por tanto, es esperable que la inflamación de nuestro cerebro implique la alteración de la función de algunas de estas regiones.

Este fenómeno me gusta ilustrarlo con ejemplos con los cuales seguramente, apreciado lector, estés muy familiarizado. Cualquier lesión corporal o agresión física a este provoca la activación de una cascada inflamatoria que puede tener como destino final la inflamación de nuestro cerebro.

Algunos casos son una intervención en el dentista en la cual, por ejemplo, a través de una endodoncia, existe una agresión puntual en la cavidad bucal. Otro ejemplo puede ser la aplicación de una vacuna o simplemente una rotura fibrilar en algún músculo tras practicar deporte.

Un vacuna, la extracción de una pieza dental o una simple lesión muscular pueden inflamar tu cuerpo, pero también tu cerebro. Es razonable que te sientas aturdido, triste o con dificultades de atención en las siguientes horas.

En cualquiera de esos tres ejemplos, es muy probable que la persona durante las veinticuatro o cuarenta y ocho horas posteriores pueda sentir niebla mental, tristeza, pérdida de atención o entumecimiento motor. El cuerpo se ha inflamado; el cerebro, también.

CUERPO INFLAMADO, CEREBRO INFLAMADO

En los últimos años se ha empezado a considerar que la inflamación persistente, también llamada crónica, puede estar detrás de muchos casos de depresión. Como sucede con la respuesta del estrés, la inflamación es importante que suceda, siempre y cuando esté controlada para evitar que se instaure de forma crónica. Si nuestro cuerpo está percibiendo información de manera continua que lo hace estar alerta, es posible que la inflamación se vuelva crónica y por tanto con mayor dificultad para ser resuelta. Paradójicamente, esto provoca que, si tenemos un torrente de células inflamatorias circulando en nuestro cuerpo de forma constante, nuestro cerebro lo detecte como una amenaza y dispare todos los mecanismos para protegerse. En definitiva, es posible entrar en un círculo muy pernicioso para la salud. Los efectos de la inflamación son amplios, pudiendo llegar a nuestro propio cerebro. Esto podría ser el motivo por el cual una persona inflamada podría tener mayor apetencia por pasar más tiempo bajo el edredón con la luz apagada.

Son cada vez más los casos en los que se observa un vínculo entre la inflamación y la depresión. No es raro pensar en una posible relación entre desarrollar depresión después de una fractura ósea o experimentar alteraciones en el humor con el agravamiento de alguna enfermedad inflamatoria digestiva.

El síndrome de fatiga crónica, que cursa con cierta similitud a la depresión, se puede presentar después de algún cuadro viral persistente (por ejemplo, la COVID). La menopausia también es un claro ejemplo que relaciona ambos, pues se asocia con una alta tasa de inestabilidad emocional unida a un aumento de los niveles inflamatorios.

La artritis reumatoide, la menopausia, el síndrome de intestino irritable o la colitis intermitente cursan con inflamación, y pueden estar acompañadas de cambios en el estado de ánimo también por inflamación del cerebro.

Si bien es cierto que esta relación se trata poco en las consultas de atención primaria o por los especialistas, cada vez hay más autores que ponen en relieve que el estudio de la biología humana y de la medicina debe ser integral. Ya no es posible disociar cuerpo de mente. Sin embargo, hay quienes se escudan en un teórico ángulo muerto donde dicen no ver esa relación. Y dicha conexión la explica hoy en día la neuroinmunología, que nos proporciona una manera de entender los mecanismos que utiliza el sistema inmunitario para conectar el cuerpo con la mente.

A esta nueva ciencia podemos añadirle la influencia del entorno. No solo son factores biológicos los que alteran nuestro sistema inmunológico, inflaman nuestra mente y nos conducen a ciertos trastornos de alteración del ánimo. También existen factores sociales, como adversidades o conflictos mantenidos en el tiempo, que provocan que nuestro cuerpo y nuestra mente se inflame. Esto justifica que niños o adultos expuestos a situaciones prolongadas de estrés tecnológico y/o social, tengan mayor probabilidad de desarrollar este tipo de trastornos.

En este libro no pretendo ofrecer una receta mágica para combatir este tipo de diagnóstico, tampoco pretendo hacer una contribución farmacológica sobre qué nuevos tratamientos podría ser interesante usar en la clínica habitual para abordar este nuevo concepto de la inflamación y de la neuroinmunología. Seguramente se pueden encontrar libros mucho más específicos al respecto. Mi principal propósito es hacer comprender que el cuerpo y la mente están estrechamente relacionados y eso, inevitablemente, justifica un posible círculo biológico entre el estrés, la infamación del cuerpo, la inflamación del cerebro y, por ende, la desregulación de nuestro sistema nervioso. Esta última puede generar una ola expansiva que abarca todos los sistemas de nuestro organismo, afectando a cada una de sus funciones biológicas. En los apartados siguientes, aprenderemos cuáles son los sistemas en los que principalmente se apoya nuestro sistema nervioso y, por tanto, son los primeros en manifestar síntomas cuando existe un estado inflamatorio de nuestro cuerpo y cerebro.

INFLAMACIÓN DEL CEREBRO Y ALTERACIÓN DEL ESTADO DE ÁNIMO

Que la inflamación produce alteraciones en el funcionamiento de nuestro cerebro, lo cual conduce a cambios en el humor y ciertos trastornos mentales, entre otros la depresión, es ya un dato objetivo. Estas fluctuaciones del ánimo y trastornos psicológicos incrementan el riesgo de sufrir estrés social. En otras palabras, se está más expuesto y se es vulnerable a la presión de determinados factores de nuestro entorno social (económicos, familiares, tecnológicos, crisis sanitarias y un largo etcétera). Esta sobreexposición cuya regulación se ve alterada por lo anterior, contribuye a su vez a aumentar los niveles de inflamación internos del cuerpo. Nos encontramos, por tanto, ante un círculo vicioso en el que para intervenir desde la perspectiva de una salud integral que conecta cuerpo y cerebro, son necesarias medidas globales.

Dentro de este círculo, podemos intervenir en diferentes puntos, aunque con diferencia el más relevante es el control del estrés. Si controlamos el estrés, podremos mantener a raya los niveles de inflamación internos no solo de nuestro cuerpo, sino también de nuestro cerebro. Una de las medidas que ha arrojado mayores beneficios en las últimas décadas son la práctica de la meditación y *mindfulness* (o conciencia plena) —las desarrollaremos en la segunda parte del libro con un carácter eminentemente práctico (capítulo 11)—.

Entrenar la atención nos permite tener más conciencia sobre cuáles son los agentes estresores. Entender cómo se relaciona el estrés con la inflamación, nos permite actuar de una forma más integradora.

35

Por supuesto, dentro del círculo antes mencionado, existen variables que se escapan de nuestro control. Por ejemplo, imaginemos dentro de los factores que conducen al estrés social una situación prolongada de pobreza o maltrato. Naturalmente, esto requiere de otras medidas y ayudas. Asimismo, si pensamos en episodios de inflamación generalizada en el cuerpo, como es el caso de la artritis reumatoide, la enfermedad requerirá, sin lugar a dudas, del tratamiento farmacológico oportuno. Sin embargo, no debemos olvidar que esta puede mejorar si controlamos los niveles de estrés e inductores de nueva inflamación del cuerpo y del cerebro.

LA INFLAMACIÓN COMUNICA SISTEMAS EN NUESTRO CUERPO

En ocasiones, la inflamación de bajo grado o silenciosa no da la cara en la medición de ciertos parámetros analíticos. Esto significa que, a pesar de que no haya un diagnóstico claro de una enfermedad inflamatoria, la persona presenta niveles de inflamación de bajo grado («silenciosa»)que puede avanzar de manera progresiva durante un largo tiempo, casi sin apreciarse síntomas muy reseñables. En ocasiones, sucede que los niveles de inflamación ya son suficientes para provocar un trastorno inflamatorio solo que aún no ha sido diagnosticado. Y puede suceder también que la persona presente niveles de inflamación moderada porque atraviesa episodios de estrés agudo ocasionados por su trabajo, por ejemplo, o bien, por un sobrepeso mantenido en el tiempo lo cual puede iniciar esta inflamación de bajo grado o silenciosa.

Una de las cosas que me llamó más la atención durante mis investigaciones en los conceptos de inflamación corporal y de la mente fue comprender el alcance de esta relación en el cuerpo humano. Entender que una mente inflamada puede estar estrechamente relacionada con un cuerpo inflamado cuyas principales manifestaciones se observan en dolor y rigidez en las articulaciones (tal es el caso de la artritis reumatoide) fue impactante en los inicios para mí. Hablamos aquí del aparato o sistema locomotor.

Sin embargo, no debemos olvidar, como ha sido mencionado anteriormente, que otros sistemas también pueden verse afectados como es el caso de los depósitos de grasa (obesidad), sistema cardiovascular o el respiratorio, entre muchos otros. Debo reconocer que, durante mis años de investigación, lo que mayor sorpresa me causó fue descubrir la estrecha relación de la inflamación con el sistema bucal.

La periodontitis, que es la inflamación de los tejidos que sostienen y protegen las piezas dentales, guarda una estrecha relación con la inflamación corporal y la alteración del estado anímico. Una vez más lleva la etiqueta de crónica y se trata de un cuadro inflamatorio sostenido en el tiempo que se agrava y manifiesta según las entradas de inflamación internas o externas, es decir, su relación con otros cuadros inflamatorios en el cuerpo o bien, agentes externos estresantes. Volvemos a la idea del círculo vicioso y la vulnerabilidad de la persona cuando presenta un cuadro generalizado de estrés e inflamación. Al hilo de la periodontitis, seguramente estés familiarizado con algunos síntomas como la halitosis (mal aliento) o sequedad de boca. Son manifestaciones cuyo denominador común es la inflamación de bajo grado.

Por supuesto, no podemos olvidar otro importante sistema relacionado con la inflamación corporal y del cerebro: el sistema digestivo. A este le dedicaremos un apartado específico más adelante.

PRINCIPALES SISTEMAS AFECTADOS

Ya sabemos que la inflamación instaurada en el tiempo puede conducir a una pérdida de regulación de nuestro sistema nervioso. Cuando comprendemos que este trabaja en estrecha colaboración con otros sistemas, comenzamos a entender que estados de estrés-inflamación mantenidos en el tiempo provocan algunos desajustes en nuestro cuerpo, para lo cual resulta fundamental atender sus señales de alerta.

La idea de que nuestro sistema nervioso trabaja de forma colaborativa con otros sistemas es clave para aprender a escuchar nuestro cuerpo y desarrollar atención o conciencia corporal. Entre los sistemas en los que se apoya nuestro sistema nervioso y que se ven especialmente afectados en episodios de inflamación de bajo grado, destaco al sistema tegumentario (la piel), al sistema digestivo, al vestibular (el equilibrio) y al propioceptivo (la conciencia corporal).

El sistema tegumentario está fundamentalmente constituido por la piel. En él residen numerosas terminaciones nerviosas y muchas células del sistema inmunológico (el que va a enfrentarse a la inflamación). Es lógico pensar que cuando existe un estado de estrés mantenido en el tiempo, las células inmunes de tu piel trabajen para protegerte. Sentir escozor en tu piel, irritabilidad dérmica y otras alteraciones dermatológicas, nos puede estar aportando una información muy útil y valiosa.

Sentir malestar en el estómago cuando estamos estresados e inflamados es muy normal. El sistema digestivo está considerado nuestro segundo cerebro. En él residen grandes redes neuronales, y también viven muchas células del sistema inmune que serán las primeras en salir a defenderte si tu cuerpo o cerebro sufre cualquier agresión física o mental. A partir de ahora comenzarás a entender que el síndrome de vientre inflamado constante tiene mucho más que ver con cómo tu cerebro y tu cuerpo sienten más que con aquello que has podido comer o dejar de comer.

Por otro lado, el sistema vestibular es el responsable de nuestro equilibrio y del sentido del bienestar corporal. Le dedicaremos un apartado específico más adelante, en el capítulo 12.

Y para finalizar, el sistema propioceptivo, al igual que el anterior, es máximo responsable también de nuestro bienestar corporal. Considerado nuestro sexto sentido, está implicado en mayor medida en la conciencia corporal, dado que se encuentra presente y distribuido por todo el cuerpo, de modo que la información que recogerá diariamente será mucho mayor. Este se distribuye a lo largo de nuestros tejidos blandos, fundamentalmente en aquellos que forman parte de las articulaciones, informando de nuestra posición corporal o la posición de las diferentes partes de nuestro cuerpo.

Es frecuente observar personas inflamadas que pierden la noción de su postura corporal y caminan poco erguidas, entre otras cuestiones. Hablaremos del sentido propioceptivo, junto al interoceptivo, de manera amplia en el capítulo 13.

Tu piel, tu sistema digestivo, tu equilibrio y tus articulaciones tienen mucho que decir cuando existe inflamación de bajo grado.

INFLAMACIÓN, CEREBRO Y SISTEMA DIGESTIVO

Existen numerosos trastornos gastrointestinales, como son el síndrome del intestino irritable o la colitis intermitente, por ejemplo. En estos trastornos hay una palabra común y clave: los macrófagos. Los macrófagos son células de nuestro sistema inmunológico que se activan para protegernos cuando detectan alguna amenaza. Nuestros intestinos están copados de amenazas en forma de bacterias. Si bien tenemos multitud de bacterias «buenas» que forman parte de nuestra flora bacteriana necesaria para el buen funcionamiento de procesos biológicos, al mismo tiempo, también tenemos bacterias «malas» siendo estas a las que me refiero como amenazas. Son bacterias enemigas que desprenden y producen sustancias tóxicas que pueden alterar muchos de los parámetros de las paredes de nuestros intestinos. Afortunadamente, estos están diseñados para servir de torres de protección y vigilancia, pues desempeñan una función esencial que no es otra que filtrar y decidir qué nutrientes de los que ingerimos pasan al torrente sanguíneo y cuáles no. El problema viene cuando la función de estas torres de vigilancia se ve alterada, y consecuentemente otras sustancias (no nutrientes) menos deseables pasan a nuestra sangre, originando, por ejemplo, inflamación de otros órganos y sistemas. En este campo de batalla, los macrófagos se despliegan cuando detectan una amenaza para contribuir al selectivo filtrado de nuestros intestinos y evitar el paso de otras sustancias indeseables. El problema viene cuando existe un nivel de amenaza prolongado en el tiempo. Es tal que así que los macrógafos van a estar sobreactivados (sobreexcitados) y esto genera un aumento en la producción de sustancias que liberan para su defensa (citoquinas).

En nuestros intestinos se libran las peores batallas para protegernos de bacterias malas. Sin embargo, su continua activación hará que tengamos sensación de irritabilidad gástrica constante. Cualquier alimento nos sienta mal, no absorbemos bien los nutrientes y tenemos la sensación constante de vientre inflamado.

La intensidad inflamatoria de muchos de los trastornos inflamatorios digestivos viene dada precisamente por la presencia de tóxicos de la población bacteriana «mala», así como la magnitud de la respuesta inmunitaria provocada en consecuencia y mantenida en el tiempo (sobre activación de los macrófagos).

Esto podemos trasladarlo a multitud de contextos reales, cotidianos y prácticos. Así pues, una persona que durante su infancia, adolescencia o edad adulta ha estado sometida de manera prolongada a episodios de estrés constante y, por ello, de inflamación silenciosa, seguramente su ejército de macrófagos ya está sobre avisado y reacciona de manera exagerada.

Haber vivido algún episodio de estrés mantenido en el tiempo provoca sobreactivación de las células de tu sistema inmunológico. Estas están ya siempre preparadas para batallar y saldrán a defenderte ante cualquier mínima amenaza de una manera menos proporcionada, lo cual genera cuadros de inflamación más frecuentes.

Otro caso de estrés puntual pero prolongado en el tiempo es el ocasionado por el estrés social (laboral, familiar, tecnológico, entre otros), también inductor de la sobreexcitación de tus macrófagos en las paredes intestinales. Te añado un último ejemplo: una mala alimentación basada en ultraprocesados hace que en nuestro sistema digestivo circulen de forma constante ingredientes artificiales que no son considerados nutrientes. Estos son detectados también como «forasteros» lo cual dispara la red de alerta de los macrófagos y los pone a pelear. ¿El resultado? Sensación de vientre inflamado, entre otras cuestiones, mantenido en el tiempo fruto de una alimentación poco saludable.

Por todo lo anterior, no es descabellado que personas que sufren estrés (de inflamación silenciosa también) tengan alteraciones digestivas.

Con estos ejemplos es razonable pensar que una posible medida a adoptar sea buscar una perspectiva diferente, más integradora, del médico digestivo, en este caso concreto. Tampoco sería disparatado plantear un cambio en la dieta orientando la misma a alimentos antiinflamatorios. De lo que no hay ninguna duda es que la práctica hacia el abordaje terapéutico de estos problemas empieza por entender su base: la inflamación y el estrés los cuales pueden ser modulados desde prácticas que ponen la mirada en reducir los niveles de sobreexcitación del sistema nervioso. Desarrollaremos extendidamente esta idea más adelante.

4
LA CIENCIA DETRÁS DE LA RELACIÓN CEREBRO-CUERPO

La experiencia que cosechamos a lo largo de nuestra vida
es inmensa. La adquirimos gracias a la interacción de
nuestro cerebro y de nuestro cuerpo con el entorno.

Con la irrupción de la pandemia vivida años atrás y ocasionada por el coronavirus, se observó un incremento de problemas de salud mental en la población y, con ello, de medidas de cuidado dirigidas a combatir la misma. Años atrás, esto podía considerarse un tema tabú, pero en la actualidad comienza a estar presente en cualquier sobremesa y ya deja de asociarse a ningún signo de debilidad en la persona.

Los psicólogos, psiquiatras, neurólogos, neurocientíficos y médicos de la especialidad de salud pública y medicina preventiva, entre otros profesionales, aunamos esfuerzos por facilitar un escenario amable con acceso a información contrastada y servicios específicos, siendo esto imprescindible para que la población pueda estar informada y atendida de manera adecuada.

Sin embargo, no resulta tan habitual encontrar profesionales que integren los mecanismos neurobiológicos que acontecen en el cerebro y los relacionen con mecanismos fisiológicos que suceden en el resto del cuerpo. Es aquí donde reside el gran desafío: comprender la biología del cuerpo humano como un entramado de órganos y sistemas completamente conectados, cuyas respuestas varían a lo largo de la vida de la persona en función de su uso, envejecimiento celular asociado a la edad y, por supuesto, la adaptación al entorno que, por cierto, también es cambiante.

El cuerpo humano tiene un funcionamiento orgánico, es decir, va a ir variando en función del uso que le demos, de su envejecimiento y de la interacción con nuestro entorno.

Resulta fundamental entender que nuestra frecuencia respiratoria o presión cardiaca no es la misma en un estado de calma o previo a un reto como puede ser hablar en público. Tampoco es lo mismo el funcionamiento de nuestras articulaciones con el devenir de los años o en la medida de haber llevado una vida físicamente activa o sedentaria. Cuando una articulación duele, el daño es percibido por diferentes receptores ubicados en los diferentes tejidos que integran la articulación como los responsables del dolor (los nociceptores). Estos envían automáticamente una señal en sentido ascendente que recorrerá la médula espinal (a través de nuestra columna vertebral) en cuestión de microsegundos hasta alcanzar el cerebro. En función de si el registro de entrada de este estímulo (dolor) es nuevo o ya conocido (reincidente), así como la frecuencia de exposición al mismo, el cerebro emitirá una respuesta en sentido descendente que se transmitirá a lo largo de nuestro cuerpo, como puede ser fruncir el entrecejo o contraer un determinado músculo. En otras palabras, nuestro cerebro debe pensar en dolor y, si lo considera oportuno, convertirá ese dato (dolor) en una respuesta consciente o inconsciente.

Cabe recordar que la respuesta resultante del procesamiento de datos por parte de nuestro cerebro puede ser:

- **De tipo pensamiento:** siguiendo con el ejemplo anterior, nuestro cerebro pensaría conscientemente en dolor («Ay, últimamente me duele la rodilla derecha cada vez que me agacho para coger algo del suelo»).
- **De tipo emoción:** nuestro cerebro siente dolor, lo que redunda en un tipo de emoción primaria tal y como puede ser la tristeza («Últimamente me duelen las rodillas demasiado y ello me incapacita para dar los largos paseos que tanto bien me hacen por las mañanas. Me hace sentir apenado, pues comienzo a perder calidad de vida»).
- **De tipo motor:** nuestro cerebro dispara una respuesta motora que viajará también en cuestión de microsegundos hacia nuestros músculos, accionando los mismos. Su acción puede ser la de promover una mayor actividad del músculo o frenarla por completo.

Siguiendo con el ejemplo anterior, lo habitual cuando sentimos dolor en una articulación (es decir, nuestro cerebro piensa en dolor y envía una respuesta motora a esa misma articulación) es que se frene o disminuya la actividad de los músculos que acompañan a esa articulación. Así, se promueve un comportamiento de parada o bloqueo de la actividad de la persona para evitar que siga doliendo.

Cuando hablamos de pensamiento y emoción, es lógico pensar que se originan en nuestra mente. Sin embargo, hoy por hoy sabemos que están íntimamente relacionadas a nivel motor, lo que nos recuerda que debemos entender la tríada pensamiento-emoción-movimiento como un todo.

Hay un concepto que resulta muy interesante sobre el cual habla la Dra. Tara Swart, psiquiatra y autora del libro La Fuente. Se trata del etiquetado de valor. Según ella, en función del grado de exposición a determinados eventos en nuestra vida y, con ello, a emociones generadas, nuestro cerebro va asignando un grado de importancia determinado, como si de una etiqueta de valor se tratase. Esto provoca que se dirija la atención de nuestro cerebro hacia una cuestión u otra en función de la importancia que ha sido asignada a esa emoción. Naturalmente, esto va asociado a patrones motores específicos (comportamientos motores), tales como un comportamiento de huida, entumecimiento muscular, temblor o parálisis, entre muchos otros. Al igual que nuestro cerebro registra esa información de carácter emocional por acontecimientos vividos anteriormente, nuestro cuerpo también tiene memoria y, seguramente, tenga una memoria motora asociada a lo anterior.

El etiquetado de valor te hace reaccionar con emociones, en ocasiones, desproporcionadas por algún episodio vivido anteriormente de manera intensa como puede ser un evento traumático en el trabajo. En este contexto, cualquier nuevo indicio que te haga recordarlo te pondrá en situación de alerta, generando desconfianza hacia cualquier nuevo entorno laboral.

Lo cierto es que esta conexión cerebro-cuerpo nos permite expandir el conocimiento sobre nuestro cuerpo hasta límites realmente insospechados. Nuestros cerebros son supercomputadoras y trabajan constantemente conectando sus diferentes regiones responsables de diversas funciones cerebrales tales como la atención o la memoria, entre otros, constituyendo así los llamados circuitos neuronales. En el capítulo 10, hablaremos de la importancia de la plasticidad neuronal en el adulto a través de la adquisición de nuevos hábitos y la creación de nuevos circuitos neuronales. Algo que en la actualidad recibe el nombre de reprogramación neuronal.

Comprender nuestro cerebro es entender que este no funciona solo en el plano X e Y, sino que funciona también en el plano Z. Es precisamente este último el que justifica que no haya dos cerebros iguales, pues aunque las dimensiones de las diferentes regiones del cerebro puedan variar levemente entre individuos, su distribución a lo alto y ancho debe ser muy similar. Sin embargo, la verdadera belleza y singularidad del cerebro de una persona reside en sus conexiones neuronales, fruto de su aprendizaje y experiencias vividas. Habrá personas que jamás experimenten el afecto y la calidez de las relaciones humanas y, por tanto, no adquieran este aprendizaje a lo largo de sus vidas. Si no existe aprendizaje, no existe una conexión neuronal creada para ello (no hay huella en el cerebro). Pero yendo a conceptos más tangibles, aquella persona que aprende a montar en bicicleta, habrá creado también una conexión neuronal en esta parcela del conocimiento.

No existen dos cerebros iguales. La diferencia radica en el nivel de conexiones neuronales que genere la persona a través de la experiencia.

Las conexiones neuronales (también llamadas circuitos neuronales) son comunicaciones entre neuronas que conectan regiones del cerebro, a veces alejadas, alineando en una misma comunicación diferentes funciones cerebrales como puede ser atención, emoción y movimiento. Insisto que sobre esto volveremos cuando hablemos de la importancia de adquirir hábitos.

Una persona que aprende a tocar el piano en la edad adulta puede crear una nueva conexión neuronal para este aprendizaje. Seguramente participen en esa conexión las regiones de la atención (le permite atender a la partitura), de la emoción (alimenta su motivación para seguir aprendiendo) y motora (desarrolla la destreza con sus manos).

Estas conexiones habitan en las profundidades de nuestro cerebro (plano Z) convirtiéndolo en un sistema dinámico y personalizado. Digamos que podría ser tu DNI. El tipo y calidad de tus conexiones neuronales informan sobre tu estilo de vida. Hablar de comunicación entre neuronas es hablar de un proceso físico y químico. Cuando sucede la magia de la comunicación entre ellas, se dispara un mecanismo físico que conduce a la liberación de pequeños mensajeros químicos, los llamados neurotransmisores, que son los máximos responsables de la comunicación dentro de tu cerebro y con el resto del cuerpo.

Estos mensajeros químicos pueden ser de diferente naturaleza, siendo muchos de ellos neurohormonas. Seguramente hayas oído hablar de la serotonina, dopamina, oxitocina o acetilcolina, entre otros. Todos y cada uno de ellos desempeñan una función concreta y su presencia/distribución depende de las regiones del cerebro accionadas. Por ejemplo, en el hipocampo, una de las regiones por excelencias atribuidas al aprendizaje y memoria (y donde también la ciencia ha evidenciado en los últimos años que es la única región del cerebro capaz de producir nuevas neuronas en el individuo adulto), el neurotransmisor más abundante es la dopamina. Sin embargo, el neurotransmisor responsable de accionar nuestros músculos e impulsarnos en el movimiento y acción es la acetilcolina.

En capítulos anteriores, veíamos como nuestro sistema digestivo era considerado el segundo cerebro y presentaba una elevada población de neuronas productoras de serotonina, neurotransmisor relacionado directamente con las emociones y estados de ánimo. Una inflamación mantenida en el tiempo del sistema digestivo podía tener efectos directos sobre cambios en las regiones cerebrales destinadas a la gestión emocional por disminución de los niveles de serotonina. Así pues, una persona con un aparato digestivo inflamado es una persona más propensa a sufrir alteraciones en su estado de ánimo.

El intestino es considerado nuestro segundo cerebro. Contiene neuronas y produce serotonina que envía al cerebro para regular, por ejemplo, nuestros estados de ánimo.

Por otra parte, cada vez hay más evidencias científicas de que estos neurotransmisores asociados a diferentes funciones cerebrales (por ejemplo, las emociones) también pueden afectar fisiológicamente a nuestro cuerpo y alterar las funciones específicas de cada sistema como la tensión arterial, el ritmo cardíaco, la regulación de la grasa de nuestra piel, los patrones de sueño, el apetito o la calidad del sueño.

El auge en los últimos años de las técnicas de neuroimagen entre las que citamos la Resonancia Magnética Funcional (RMF), Resonancia Magnética Estructural (RME), Tomografía Axial Computarizada (TAC) o Tomografía por Emisión de Positrones (TEP), entre otras, nos permite poner visualmente de manifiesto la expresión de determinadas regiones cerebrales asociadas a comportamientos como estado concreto de salud o una simple toma de decisión. Es decir, saber qué regiones del cerebro se activan según nuestros comportamientos de una manera no invasiva.

A este respecto, siempre usaré como ejemplo con mis alumnos el experimento científico realizado por Montague (2001), neurocientífico y director del Human Neuroimaging Lab en EE. UU., a través del cual se podía observar por RMF las regiones cerebrales activadas en función de si en la toma de decisión intervenían elementos emocionales o lógicos. El experimento consistió en ofrecer para su consumo, en una cata ciega, Coca-Cola o Pepsi a un grupo de sujetos voluntarios. Esto que, ya por entonces constituía el inicio de la disciplina de la neurociencia del comportamiento cuyo padre y máxima referencia fue Daniel Kahneman (psicólogo social, Premio Nobel de Economía en el año 2002), en la actualidad nos permite visualizar qué sucede internamente en nuestro cerebro sin necesidad de medidas invasivas.

Posteriormente, se han realizado diversos estudios que han puesto de relieve la asombrosa conexión cerebro-cuerpo, como el realizado por David Spiegel, de la Universidad de Stanford, quien demostró que las mujeres con cáncer de mama que participaban en una terapia de atención plena en grupo vivían más tiempo, tenían menos dolor y una mayor calidad de vida. Se lograba asociar la atención (cerebral) con la supervivencia y mejora frente al cáncer de mama (corporal).

Otras investigaciones realizadas a lo largo de los años han demostrado cómo el estrés disminuye la capacidad de nuestro organismo para combatir una infección o sobreponerse a una enfermedad al alterar el funcionamiento de nuestro sistema inmunitario. En concreto, el aumento del estrés provoca una disminución de la respuesta inmunitaria de los glóbulos blancos y de las células infectadas en general.

¿Comenzamos a ver la relación entre nuestro cerebro y el cuerpo?

Es justamente aquí donde reside el gran desafío de los profesionales que nos dedicamos al sector. Comprender con sumo detalle el lenguaje biológico con el cual nuestro cerebro se comunica con el resto del cuerpo (y créanme, es pura biología y neurobiología), así como extender este mensaje a la población para que sea entendido.

¿Comenzamos el viaje?

El proceso de apreciar, identificar y comprender las sensaciones que visitan nuestro cuerpo es un viaje que puede llevar tiempo. Al igual que cuando iniciamos una nueva relación sentimental o nos embarcamos en un nuevo trabajo, conocer nuestro cuerpo a través de esta nueva disciplina requiere de exploración, autoconocimiento y continua exposición. Solo así hay aprendizaje y adaptación.

Eso implica explorar cuidadosamente cuándo nos encontramos seguros y a salvo y, con ello, percibimos nuestros músculos relajados o, por el contrario, cuándo estamos alerta y atisbamos ese cosquilleo o temblor que no nos abandona. Comprender nuestro cuerpo y crear afinidad con él requiere tiempo y curiosidad, y para lograrlo, la herramienta más poderosa es alimentar la atención corporal. Sobre atención, como principal función cognitiva, hablaremos extendidamente en el capítulo 11. Además, en el capítulo 12, trataremos la atención corporal en específico.. Solo cuando hay atención deliberada (atención selectiva), empezamos a sintonizar con las sutiles señales y el lenguaje no verbal de nuestro cuerpo y entorno interior.

¿QUÉ SUCEDE CUANDO VIVES DESCONECTADO DE TI MISMO?

¿Alguna vez has sentido tantos nervios que te han temblado las manos casi sin poder controlarlo? ¿Has sentido miedo hasta tal punto que pensaste que podía salirse tu corazón del pecho? Quizás, recibir aquella noticia te dejó congelado desde un punto de vista motor. O quizás tu cuerpo te demanda pasar más tiempo tumbado, a ser posible oculto bajo el edredón de tu cama, pues tienes el ánimo muy bajo. Es posible que una ruptura o la pérdida de un ser querido te empuje a caminar por la calle con un semblante corporal bajo o que los nervios previos por intervenir en público te revuelvan el estómago segundos antes.

Como veíamos anteriormente, tus emociones influyen en tu cuerpo y en las distintas sensaciones corporales. También cambian tu comportamiento y alteran procesos fisiológicos naturales. Estar constantemente expuesto a situaciones con una alta carga emocional es tener sobreactivadas de forma constante y no proporcionada las células de tu sistema inmunológico y, con ello, activar mecanismos de inflamación silenciosa.

El problema viene cuando uno se encuentra en un estado de desconexión consigo mismo. Naturalmente, esto tiene repercusiones importantes no solo en nuestra salud mental, sino también en nuestra salud física y la manera de relacionarnos con los demás.

Estar en un estado de desconexión puede conducir a una sensación de vacío, soledad y aislamiento que se vuelven omnipresentes: incluso cuando estás rodeado de otras personas, no terminas de liberarte de esa desagradable sensación en la boca del estómago que te acompaña de forma constante. Esta distancia cada vez mayor entre el cerebro y el cuerpo no hace más que aumentar la magnitud de los problemas de salud mental, que ya de por sí son abrumadores, manteniéndote atrapado en patrones de comportamientos y pensamientos negativos y, en ocasiones, autolesivos.

Esa desconexión nos aleja del autocuidado y nos hace olvidar la adherencia a los buenos hábitos como es, simplemente, alimentarnos bien o beber suficiente agua. Esto tiene una repercusión claramente biológica con el tiempo, pues la deshidratación crónica y la falta de nutrientes en la dieta pueden provocar importantes problemas de salud física, como hipertensión, trastornos digestivos, cardiovasculares y disfunción del sistema inmunitario.

Además, la desconexión contigo mismo conlleva desconexión con las relaciones personales, lo que puede conducir a una pérdida de la comunicación y de la intimidad, que a su vez genera sentimientos de separación y distanciamiento de tus seres queridos. También puede contribuir a la ruptura con las redes sociales, que bien gestionadas, son una fuente fundamental de apoyo psicológico en los momentos difíciles.

Cuando estamos desconectados de nosotros mismos, nos cuesta más tomar decisiones y nos alejamos del buen criterio ya construido con anterioridad, así como de nuestros valores. Nos resulta difícil ponernos metas, objetivos y planificar a largo plazo. Aquí destaco dos cuestiones relacionadas:

- La primera está relacionada con el concepto de etiquetado de valor comentado anteriormente. Una experiencia emocional vivida de forma intensa puede haber moldeado ciertos circuitos neuronales en nuestro cerebro de tal forma que nos haga actuar de una forma inconsciente y desproporcionada. Esto puede echar a perder nuestro sistema de etiquetado de valor y desviarlo hacia el modo «sobrevivir» en lugar del modo «prosperar». De esta forma, nuestra toma de decisiones, donde siempre existen elementos lógicos, pero también emocionales, se verá claramente afectada. Realmente, la secuencia a través de la cual tomamos decisiones es siempre emocional-lógico-emocional. Si tenemos registrada una etiqueta emocional muy elevada por acontecimientos vividos en el pasado, es posible que las tomas de decisiones orientadas hacia lo racional (prosperar, evolucionar, mejorar, cambiar la situación, entre otros) se vean saboteadas. Comprender que esto sucede en nuestro cerebro, nos permite activar palancas para que seamos nosotros quienes manejemos nuestro propio comportamiento de una forma consciente y no, como sucede en muchas cosas, movido por la vergüenza o el qué dirán (modo supervivencia).

Una experiencia emocional vivida de forma internsa puede sabotear decisiones importantes posteriores.

- La segunda está relacionada con la capacidad de poder planificar a largo plazo y ponernos metas. Cuando vivimos desconectados, nuestra atención también está desconectada. Aunque hablaremos de ello de forma más extendida en capítulos posteriores, tener la atención secuestrada resulta demoledora para hacer evolucionar nuestro cerebro. Por un lado, no funciona bien el filtro selectivo por el cual recibimos información del entorno y lo convertimos a algo consciente. Por otro lado, no nos permite usar eficientemente la parte más rostral de nuestro cerebro (la corteza prefrontal) donde habita, además de la atención, las funciones ejecutivas. Las funciones ejecutivas, aunque su nombre pueda intimidarnos, son aquellas que nos permiten realizar acciones superiores que buscan lograr un objetivo. Planificamos, tomamos decisiones, medimos el balance de riesgo-beneficio, nos autorregulamos emocionalmente para poder avanzar y un sinfín de cualidades muy evolucionadas, propias de la especie humana que, sin lugar a duda, ninguna otra especie va a reunir y, por supuesto, no todas las personas podrán desarrollarlas. Todo dependerá del uso apropiado que hagamos de nuestro cerebro. Por descontado, vivir desconectados no nos permite usar eficientemente esta parte del cerebro y, con ello, nos emborrona ese objetivo, reto o toma de decisión que deja de ser trivial para convertirse en una tarea casi inalcanzable en ese estado.

Funciones como planificar, tomar decisiones o balancear el beneficio-riesgo pueden resistirse cuando vivimos desconectados sin prestar atención.

La desconexión con nosotros mismos también hace aflorar un tercer concepto muy relacionado con el sentimiento de miedo, riesgo o amenaza. Te recomiendo que visites el capítulo 10 para comprender que nuestro cerebro pondera siempre con doble magnitud el riesgo frente al beneficio, el miedo de hacer algo frente a la recompensa de lograrlo. Siempre te va a empujar a evitar o no enfrentar ese nuevo cambio en tu vida. Si vives desconectado, tendrás mayor dificultad para gestionar este mecanismo de hacer ver a tu cerebro que ir por el otro camino (no recomendado por él) puede regalarte muchas satisfacciones.

Tu *autoconcepto,* es decir, cómo me ven otros en función de cómo me veo yo a mí mismo, también puede verse mermado. Si tu autoconcepto ha sido erosionado, es posible que hayas perdido la confianza en ti, en tus hábitos saludables y tus propósitos de mejora. Recuperar la confianza en uno mismo es clave para avivar tu crecimiento y desarrollo personal, y desempeña un papel fundamental en la reconstrucción de la conexión de la relación cerebro-cuerpo.

En la segunda parte de este libro, exploraremos una serie de técnicas que te ayudarán a reiniciar la relación cerebro-cuerpo haciendo hincapié en lo corporal. Esto te permitirá forjar un fuerte sentimiento de confianza de nuevo en ti mismo. Pero primero es importante comprender cómo se fundamenta esta relación cerebro-cuerpo y cómo tu cuerpo desempeña un papel clave en la expresión de tu salud mental.

5
UN NUEVO CONCEPTO
DEL SISTEMA NERVIOSO

*Tu digestión, respiración, latido cardiaco o estado de piel,
entre muchos otros, dependen directamente de tu cerebro.
El responsable de esa comunicación es el nervio vago. Nunca
antes habrás sentido la necesidad de cuidarlo tanto.*

EL SISTEMA NERVIOSO AUTÓNOMO:
LA CENTRAL ELÉCTRICA DE TU CUERPO

El Sistema Nervioso Autónomo (en adelante, SNA) es el responsable, en gran medida, de todo cuanto pensamos, sentimos, expresamos, etc., es decir, de nuestros comportamientos. Todos estos fenómenos se dan frecuentemente de manera inconsciente: están dirigidos por el SNA y se manifiestan externamente a través de respuestas automáticas. Detrás de ello, este sistema trabaja incesante buscando y comparando patrones y hechos ya vividos anteriormente con los que poder realizar asociaciones y con las que estemos familiarizados en nuestra vida diaria. En función de ese registro y comparativa, la respuesta es de un tipo u otro.

El SNA es responsable de nuestros comportamientos inconscientes y funciones de supervivencia (respirar, hacer la digestión, pestañear, entre otros).

Te pongo un ejemplo: la primera vez que te anuncian una mala noticia sientes un efecto sobrecogedor en tu cuerpo (te estremeces), además de generar pensamientos y emociones de signo negativo. Sin embargo, con el paso del tiempo y, sobre todo, nuestro paso sobre esa información, exponiéndonos a ello con cierta regularidad, la noticia y el problema en sí deja de tener esa magnitud primera y ya no genera esa sensación de estremecimiento en tu cuerpo. Tus emociones y pensamientos son más constructivos, dirigidos a afrontar la situación con más tenacidad.

Tu SNA trabaja emitiendo de forma inconsciente todas esas respuestas y dependerá de cuanto registro de información y experiencia albergues ya en tu cerebro y en tu cuerpo para que la magnitud de ello disminuya considerablemente. Te pongo otro ejemplo relacionado con la ventaja de la experiencia. Hay trámites administrativos u otros a los que nos vamos a enfrentar antes o después en nuestras vidas. La primera vez que nos enfrentamos a un trámite engorroso, seguramente nos veamos sobrepasados y con un sentimiento de no ser capaz de afrontar esta tarea con éxito. Una vez lo logras, tu cerebro trabaja a tu favor y se ocupará de asociar futuros y nuevos trámites a ese que tuviste que desempeñar con máximo rigor y dedicación. De esta forma, todo lo posterior siempre te parecerá algo menor. Justamente aquí reside el poder de la relativización y tiene mucho que ver con ejercicios de asociación de fenómenos o cruce de datos que realiza nuestro cerebro en base a toda la experiencia y datos cosechados anteriormente. Todo ello dejará registrado marcas sobre cómo nos hizo sentir aquello (emoción), qué tipo de pensamientos nos generó (pensamiento) y cómo nosotros lo afrontamos (acción).

Nuestro SNA se nutre de nuestra experiencia, es decir, de haber pasado ya varias veces por el mismo sitio y/o acción.

Por otra parte, nuestro SNA, sin duda, se ocupa de muchas otras funciones vitales que deben ocurrir en nuestro cuerpo de manera inconsciente. Me refiero a la digestión, al bombeo de sangre de tu corazón, al mantenimiento y la regulación de la frecuencia cardiaca, a tu frecuencia respiratoria, la excitación sexual o la dilatación/contracción de las pupilas de nuestros ojos, entre muchos otros. Nuestro cerebro es una máquina tan sumamente evolucionada que ha sido diseñada para mantener nuestra supervivencia y nuestra salud de forma autómata, sin necesidad de que nosotros debamos controlar dichas funciones y prestar atención a ellas.

No obstante, tener comportamientos conscientes y, con ello, poner atención deliberada es un auténtico privilegio de la especie humana. La atención es el gran tesoro de nuestro cerebro y debemos reservarla para regular todas las demás que sí dependen de nosotros y que no están directamente ligadas con la supervivencia. También debemos reservar la atención para ser capaces de identificar un posible síntoma de fallo o alteración de las funciones vitales antes mencionadas.

La atención deliberada es un gran privilegio que tenemos como especie.

Algunos ejemplos de poner la atención para identificar alteraciones o síntomas son: llevamos tiempo percibiendo dolor en la boca del estómago, quizás no se está realizando la digestión de manera correcta. Otro ejemplo: llevamos tiempo sintiendo que respiramos con cierta dificultad, como si de una sensación de ahogo se tratase. De ahí la importancia del autoconocimiento sobre nuestro cerebro y nuestro cuerpo, lo cual no debe ser considerado bajo ningún concepto un capricho, sino una obligación.

Este libro te lo ofrezco como una amable recomendación, emplazándote a que dediques una pequeña parcela de tu tiempo, diaria o semanalmente, para tu autoconocimiento y tu autocuidado.

FUNCIONAMIENTO DEL SISTEMA NERVIOSO AUTÓNOMO

Comprender cómo funciona el SNA es entender que se trata de un sistema que comunica nuestro cerebro, médula espinal (discurre por nuestra columna vertebral) y todos los órganos que componen nuestro cuerpo.

El SNA se regula mediante reflejos integrados a través de todos ellos de tal forma que va a ser responsable, en buena medida, de ciertos actos reflejos como toser, tragar, vomitar y estornudar, todas ellas funciones cruciales del cuerpo humano.

Más allá de su función vital de mantenernos con vida y asegurar nuestra supervivencia gracias a la activación de todos los reflejos anteriores cuando son necesarios, el SNA se encarga de una función muy sutil a la vez que elegante: la homeostasis. Seguramente, este sea un concepto poco familiar para ti, pero te diré que la homeostasis convive con nosotros veinticuatro horas al día, siete días a la semana. Es el proceso que justifica la adaptación de parámetros internos de nuestro cuerpo a cualquier cambio, lo que supone la activación de mecanismos de regulación internos y cambios fisiológicos para que podamos funcionar adecuadamente.

El SNA es responsable de la homeostasis de nuestro cuerpo, es decir, de los reajustes internos necesarios para adaptarnos a los cambios.

Déjame que te lo ilustre con el siguiente ejemplo: el SNA puede detectar que tenemos demasiado calor. Inducirá entonces cambios fisiológicos como la apertura de los vasos sanguíneos, el aumento de la frecuencia respiratoria y de la sudoración, entre otros. Estos, a su vez, suelen ir acompañados de una serie de cambios de comportamiento, tales como beber agua, buscar la sombra o echarse agua en la cara. Los cambios internos son la homeostasis (o regulación fisiológica de tu cuerpo), lo que conduce a cambios en tu comportamiento.

Por supuesto, cuando te enfrentas a cambios, retos o desafíos, tu cuerpo también experimenta cambios. Seguramente lo observes en tus comportamientos, sin embargo, habrán tenido lugar reajustes fisiológicos de forma interna. El concepto de resiliencia (resistencia o adaptación a nuevos cambios), que ahora está tan de moda, es una forma moderna de hablar de homeostasis y SNA.

LA RESILIENCIA DEPENDE DE TU SNA

¿Habías pensado alguna vez que detrás de todos esos comportamientos hay algún sistema responsable que los está activando? Interesante, ¿verdad? Lo cierto es que vivimos asumiendo que nuestro cuerpo funciona así y deberá seguir haciéndolo sin alterar ese patrón o comportamiento. Por supuesto, poco reparamos en todos aquellos comportamientos que son inconscientes y automáticos, hasta que da la voz de alarma porque sufrimos algún deterioro en nuestra salud mental y/o corporal. Sin embargo, lo importante es no tener que llegar a ese punto anterior para tomar conciencia de cómo se comporta nuestro cuerpo ante determinadas situaciones, lo que ofrece información muy relevante para detectar variaciones e intervenir cuando sea necesario.

El SNA no solo está presente en los aspectos relacionados con nuestras funciones más ancestrales que aseguran nuestra supervivencia (respirar, hacer la digestión, vomitar si nos encontramos mal, etc.); sus funciones se extienden a nuestra experiencia cognitiva y emocional y a nuestra relación con el entorno que nos rodea.

Dentro del SNA, existe un componente que es el principal responsable de todo lo anterior: el nervio vago. Sin duda, es el tema central de este libro y merece mucho la pena que descubras la importante función que tiene en tu día a día.

EL NERVIO VAGO: LA SUPERAUTOPISTA NERVIOSA DE NUESTRO CUERPO

Imagínate el nervio vago como una superautopista que envía de forma constante información entre tu cerebro y tus órganos vitales y viceversa para regular todas las funciones corporales durante los diferentes estados de tu Sistema Nervioso (sobre esto hablaremos en el capítulo 6).

El nervio vago es el décimo nervio craneal y está constituido por miles de fibras nerviosas que trabajan fuera de nuestra conciencia, es decir, que se ocupa de las funciones vitales involuntarias y de nuestra homeostasis, siendo todo ello necesario para asegurar nuestro bienestar, adaptación y supervivencia.

El nervio vago nace en el cerebro y desciende a través de la médula espinal ramificándose en múltiples direcciones inervando el área comprendida entre el cuello y el abdomen. Aunque solemos referirnos al nervio vago de forma singular, en realidad este está constituido por diferentes vías: una izquierda (parte izquierda de nuestro cuerpo), una derecha (parte derecha de nuestro cuerpo), una ventral (parte anterior de nuestro cuerpo) y una última dorsal (posterior). Desde nuestro cuello al abdomen, nuestro cuerpo genera y recibe mucha información que debe estar bien canalizada para asegurar el adecuado procesamiento de la misma, de ahí que este nervio se ramifique en diferentes vías para lograr con éxito su función.

Cada una de estas vías va a procesar información de diferente naturaleza y va a estar asociada a diferentes estados y comportamientos de la persona. Veamos con más detalle algunas de ellas:

- **La vía ventral (anterior):** está asociada a estados de seguridad, conexión con el entorno y con uno mismo y compromiso social. Por ejemplo, cuando pasamos voluntariamente tiempo con personas con las que nos sentimos cómodos y relajados y experimentamos sensación de bienestar.
- **La vía dorsal (posterior):** está asociada a estados de retraimiento e inmovilización, desconexión y aislamiento. Puede manifestarse como una sensación de desconexión con uno mismo o el entorno y distanciamiento social.

Lo anterior justifica que ambas vías desempeñen una función vital para nuestra supervivencia llamada *neurocepción*. La neurocepción es el proceso neuronal a través del cual percibimos de manera inconsciente las señales de seguridad o peligro de nuestro entorno. Esto está presente la mayor parte del tiempo y nuestro sistema nervioso está trabajando aquí de manera constante. Nuestras acciones, emociones y pensamientos van a ser generados, en buena medida, por el análisis que nuestro nervio vago hace de esta información de manera inconsciente cada día.

¿Dices tener buena intuición para saber si un entorno, situación o persona es confiable, por ejemplo? Aquí tiene mucho que decir tu nervio vago. Nuestro cerebro escanea situaciones y personas de manera incansable y, según ello, toma decisiones sobre el carácter seguro o peligroso, mucho antes de que nosotros mismos hayamos emitido un juicio de valor o una opinión. Esta información va a activar las vías ventral y/o dorsal de tu nervio vago, en función de la naturaleza de la misma

- Si tu entorno y/o personas son percibidos como seguros y confiables, se activará la vía ventral.
- Si tu entorno y/o personas son percibidos como peligro o potencial amenaza, se activará la vía dorsal.

Pueden darse situaciones en las que se activen ambas vías de manera simultánea, enviando información de seguridad y peligro al mismo tiempo.

De cualquiera de las formas, la activación de una u otra vía lleva consigo su comunicación con los órganos que le correspondan por el lado donde su ubican y sensaciones y comportamientos que veremos más adelante.

Nuestro nervio vago detecta las señales de seguridad o peligro de nuestro entorno. Según sean estas, tendremos unas sensaciones corporales u otras ligadas a diferentes órganos de nuestro cuerpo.

¿Recuerdas los *walkie-talkies*? Seguramente los hayas visto alguna vez o incluso hayas crecido con ellos. A mí me gusta referirme al nervio vago como un *walkie-talkie* bidireccional, pues envía información constante en ambos sentidos, del cerebro al cuerpo y del cuerpo al cerebro.

Algo que puede dejarte asombrado es que precisamente no es el cerebro el que percibe toda la información a la que estamos diariamente expuestos; el cerebro únicamente la procesa (recuerda el primer capítulo cuando hablábamos del cerebro como supercomputadora que analiza datos sensoriales). Entonces, ¿quién percibe toda la información? Es fácil, nuestro cuerpo.

La capacidad que tiene nuestro cuerpo para recoger y percibir información es extraordinaria y la realidad es que no somos conscientes de ello. Un dato muy relevante es que nuestro cuerpo transmite al cerebro cuatro veces más información que en sentido contrario, es decir, del cerebro al cuerpo. De todo el tráfico de información que discurre por la superautopista, solo el 20 % de la información viaja del cerebro al cuerpo, el resto (80 %) viaja del cuerpo al cerebro. Sorprendente, ¿verdad? Quizás sea el momento de empezar a atribuirle una mayor importancia a nuestro cuerpo.

Nuestro cuerpo envía a nuestro cerebro cuatro veces más información que en sentido contrario, es decir, del cerebro al cuerpo.

¿Cómo se transmite esta información al cerebro? En cuestión de milisegundos. Me gusta ilustrarlo como el informe de situación de un ejército que actualiza al centro de mando sobre la situación de guerra, pero en una versión mucho más acelerada.

Hace algunos años trabajé para una empresa en las que mis superiores afirmaban casi con tono dogmático que debíamos estar operativos 24/7. Esta fórmula, algo frecuente en determinados ecosistemas laborales, viene a referirse a tu disponibilidad veinticuatro horas durante los siete días de la semana. Seguramente pienses que es insostenible, y por supuesto que lo es. Sin embargo, tu nervio vago no lo ve así. Él sí está diseñado para trabajar veinticuatro horas en el día, los siete días de la semana y gracias a ello nosotros funcionamos correctamente. No baja la guardia ni un instante, recibiendo señales de nuestro entorno exterior e interior y enviando mensajes de manera constante a nuestro cerebro para informar de todo cuanto sucede en nuestro cuerpo y órganos. Es pura biología corporal puesta al servicio de nuestro cerebro.

Ahora que ya entiendes la gran central eléctrica que comprende nuestro SNA, gracias a su principal componente, el nervio vago, iremos avanzando para ilustrar situaciones y comprender su función tan vital en nuestro día a día.

FUNCIONES DEL NERVIO VAGO

Nuestro cuerpo está constituido por diferentes sistemas, algunos menos conocidos o explicados habitualmente. Algunos de ellos son los siguientes: el aparato locomotor (muscular y óseo), inmunológico, respiratorio, digestivo, excretor, circulatorio, endocrino, nervioso, reproductor, tegumentario y somatosensorial.

Como ha sido descrito anteriormente, nuestro nervio vago recoge información de los diferentes sistemas y órganos por donde pasan cada una de sus vías. No obstante, hay tres sistemas especialmente relacionados con la regulación del nervio vago. Uno es el circulatorio (también llamado cardiovascular), el segundo es el respiratorio, y el tercero, el sistema digestivo.

Llegados a este punto, seguramente comiences a comprender que estos tres sistemas van a proporcionarte una información corporal muy útil para entender e identificar el estado en el que te encuentras. Yo me hago cargo de ir descubriéndotelo a lo largo de este libro.

De momento, empecemos por las funciones del nervio vago en relación a cada uno de ellos:

Sistema circulatorio (cardiovascular)

El nervio vago se ocupa de asegurar un ritmo cardiaco estable, regulando aquellos ritmos cardiacos irregulares y menos saludables. Esto lo consigue produciendo acetilcolina, un neurotransmisor que ralentiza los impulsos eléctricos del corazón y, con ello, reduce la frecuencia de los latidos, lo que regula el gasto energético y contribuye a sentirse más tranquilo, seguro y relajado.

Sistema respiratorio

El nervio vago es también responsable de informar al cerebro sobre el estado y buenfuncionamiento de nuestros pulmones y vías respiratorias. Supervisa constantemente la frecuencia respiratoria y otras funciones.

Sistema digestivo

El nervio vago se ocupa de supervisar constantemente la digestión. Una desregulación de nuestro sistema nervioso provocado, por ejemplo, por estrés o inflamación, va a producir una desregulación de nuestro nervio vago y, con ello, una pérdida de la regulación de nuestras digestiones. En esta regulación, el nervio vago trabaja fomentando la secreción de enzimas digestivas que favorecen el adecuado movimiento y tránsito de los alimentos a través del tubo digestivo.

También es el interlocutor entre el intestino y nuestro cerebro, informando de la sensación de saciedad después de comer o de la sensación de hambre, previa a comer. Por supuesto, como ya veíamos en capítulos anteriores, el estado de nuestro intestino y del aparato digestivo en general puede influir considerablemente en nuestro cerebro y afectar a cualquiera de sus funciones, como la atención o las emociones. Un deterioro de la salud intestinal puede estar directamente relacionado con la salud emocional y es nuestro nervio vago quien informa de ello.

Otra función clave sobre nuestro sistema digestivo es su contribución en el páncreas y el hígado. Por un lado, promueve la liberación de insulina por parte del páncreas y, por otro lado, la producción de bilis en el hígado. En breves palabras, estos procesos son fundamentales para obtener nutrientes importantes de los alimentos. ¿Te ha sucedido alguna vez que crees estar alimentándote correctamente, pero te ves sin energía, fuerza y vitalidad?

Ante un sistema nervioso desregulado, cualquier alteración del proceso anterior influye negativamente en el aprovechamiento de los nutrientes esenciales de los alimentos. El alimento puede ser el adecuado pero tu sistema digestivo no funciona correctamente como para aprovechar sus nutrientes.

Las principales sensaciones corporales que puedes sentir fruto de la regulación de tu nervio vago son respiratorias, cardiacas y digestivas.

Naturalmente, nuestro nervio vago también desempeña otras funciones relacionadas con otros sistemas de nuestro cuerpo. Te facilito a continuación algunos ejemplos:

- **Sistema locomotor:** el nervio vago es el responsable de regular los músculos del cuello y de la garganta para que podamos tragar saliva y, también, comunicarnos con los demás. Además, regula los músculos de los ojos y la cara para que podamos sonreír, parpadear o fruncir el ceño. Esto es fundamental para la conexión con los demás.
- **Sistema inmunológico:** ayuda a controlar la inflamación para mantener una adecuada respuesta inmunológica, así como interviene en la regulación de la producción de anticuerpos.
- **Sistema somatosensorial:** interviene en el envío de la información sensorial desde la piel de nuestro oído al cerebro, lo que nos permite oír y procesar adecuadamente los sonidos. Participa también en la recepción del sonido de las voces de las personas con las que nos relacionamos y nos ayuda a percibir cualquier alteración en sus tonos.

Como verás en la parte práctica del libro, de todas las funciones anteriores, tu respiración es una de las únicas inconscientes a las que tienes completo acceso para intervenir y regular tu sistema nervioso, y descubrirás que es la manera más efectiva de conectar con tu nervio vago y puedes hacerlo cada día.

Imagino que estás averiguando lo fundamental que es el nervio vago en nuestra vida cotidiana. No solo por cuestiones asociadas a salud sino, simplemente, porque nos permite realizar tareas simples y cotidianas como tragar la comida de tu almuerzo o interpretar el tono en una conversación en tu lugar de trabajo o con tu pareja.

En una sociedad cada vez más acelerada y sin tiempo para el autoconocimiento y autocuidado, transitar en modo automático asumiendo que nuestro cuerpo y nuestro cerebro van a envejecer tarde y bien, resulta no menos que caprichoso. Nuestro sistema nervioso y nuestro nervio vago están deteriorándose a causa de los actuales estilos de vida que conllevan un mal uso y aprovechamiento de los mismos. Para llevar una vida saludable, el nervio vago debe estar atendido y cuidado. Así pues, en la segunda parte del libro, te enseñaré diferentes formas de cuidar tu sistema nervioso. Ahora te adelanto una primera palanca que puedes accionar: el tono vagal. Veamos en qué consiste.

TONO VAGAL

El tono vagal es un indicador como el que mide la frecuencia respiratoria o presión arterial. A través de su medición, es posible evaluar la salud de tu nervio vago midiendo toda la actividad de la cual es responsable. Valores adecuados del tono vagal nos informan de la salud del nervio vago y, con ello, de la capacidad que tenemos para recuperarnos del estrés, autorregularnos y cuantificar cómo es nuestra respuesta frente al entorno.

La medición de nuestro tono vagal nos informa sobre el estado de salud de nuestro nervio vago y, con ello, la capacidad de adaptación, regulación y recuperación de nuestro sistema nervioso.

El tono vagal es un reflejo del estado de nuestro sistema nervioso y su estado de regulación o desregulación, una información que resulta esencial para el autoconocimiento. Nos va a informar de si es necesaria la regulación de nuestra digestión o frecuencia respiratoria, así como nos aportará información sobre nuestro estado de calma, seguridad o estrés bajo unas circunstancias concretas.

En el tono vagal influyen muchos factores del ambiente como puede ser nuestro estilo de vida, nuestra dieta o la calidad de nuestro sueño. Además, la genética también influye de manera relevante, por lo que conocer su variabilidad es importante, puesto que no se trata de un estado permanente, sino que está sujeto a múltiples factores a tener en consideración.

¿Cómo medimos nuestro tono vagal? Es fácil. Podemos medirlo indirectamente a través de la Variabilidad de la Frecuencia Cardiaca (VFC), que es el tiempo que transcurre entre cada uno de nuestros latidos cardiacos. Esta fracción de tiempo suele ser del orden de milisegundos. Su variación debe ser entendida como algo positivo pues esa condición demuestra la capacidad que tenemos de responder con flexibilidad o resiliencia a los cambios constantes a los que nos enfrentamos. En otras palabras, mide nuestra capacidad de adaptación a los cambios.

El tono vagal se mide a través de la Variabilidad de la Frecuencia Cardiaca (VFC), es decir, el tiempo transcurrido entre nuestros latidos cardiacos. A mayor variabilidad, mayor estado de salud de nuestro nervio vago.

Hablar de VFC es hablar de nuestro corazón. Es lógico pensar que nuestro corazón no late siempre igual a lo largo de nuestro día o de nuestra semana, y esto lo justifica el carácter circunstancial de nuestra vida. Fácilmente puedes estar disfrutando de un domingo de calma y mayor relajación que el resto de la semana, por lo que tu corazón latirá seguramente más despacio. Sin embargo, recibes una llamada inesperada de un familiar o un amigo cuya noticia te sobrecoge. Esto producirá un cambio en el latido de tu corazón y, con ello, inducirá un cambio en tu VFC. Seguramente, si eres de los que practicas deporte con asiduidad, sabrás que tu frecuencia cardiaca aumenta con este, al igual que también aumenta considerablemente cuando estás estresado. Como vemos, el aumento puede darse en condiciones consideradas saludables para nosotros (practicar deporte) o no saludables (sufrir estrés de manera permanente, por ejemplo). En ambos casos, el aumento está justificado, pero deberemos controlar la magnitud del aumento con el debido asesoramiento médico.

El latido de nuestro corazón también puede variar según las exigencias del organismo y de otros factores, como nuestra respiración, proceso biológico al cual está íntimamente asociado. Cierta medicación, así como el uso de dispositivos médicos tales como marcapasos, también pueden afectar a la VFC. Por supuesto, con el envejecimiento celular y, con ello, de nuestro cuerpo de forma general, nuestra VFC disminuye de forma natural con el tiempo.

En líneas generales, una VFC baja puede ser síntoma de un sistema nervioso menos resistente y/o flexible, con menor capacidad para enfrentar el cambio y de adaptación. En la medida en la que va disminuyendo la variabilidad entre los latidos de nuestro corazón, nuestro nervio vago va perdiendo capacidad de regulación de todos los sistemas que gestiona.

Una VFC alta es síntoma de un sistema nervioso robusto, flexible y resistente.

A lo largo de la evolución, el ser humano ha experimentado cuantiosas adaptaciones para garantizar su supervivencia. Esto se ha visto reflejado en la variabilidad de nuestra frecuencia cardiaca, siendo esta una respuesta al cambio y al estrés en general. Habitualmente, las personas con una VFC elevada son más resistentes a las experiencias estresantes y también manifiestan una mayor sensación de bienestar.

De manera inversa, las personas que presentan en reposo una frecuencia cardiaca elevada tienden a tener una VFC más baja. Esto es así porque su corazón late más rápido, habiendo menos tiempo entre cada latido del corazón y, con ello, menos oportunidad para la variación y adaptación.

Podríamos decir que el tono vagal es un barómetro que nos informa de nuestra salud física y emocional. Un tono vagal bajo es indicativo de un sistema nervioso menos regulado y puede estar presente en numerosas enfermedades como los que se muestran a continuación:

- ansiedad,
- depresión,
- trastorno por estrés postraumático,
- enfermedades cardiovasculares,
- hipertensión,
- diabetes tipo 2,
- enfermedad de Crohn,
- síndrome del intestino irritable,
- enfermedad de Parkinson,
- epilepsia.

Por el contrario, una VFC alta se asocia con un estado saludable y un nervio vago que funciona de manera correcta, informando desde los órganos viscerales a nuestro cerebro y viceversa, generando un perfecto entramado de carreteras bien comunicadas y, con ello, asegurando un estado óptimo de la salud integral de nuestro cuerpo.

Una VFC alta nos va a permitir vivir relajados, sin sensación de malestar emocional cuando nos levantamos por la mañana ni tampoco sensación de malestar constante en nuestro sistema digestivo causado por ese pensamiento que no nos abandona. Un nervio vago que goza de buena salud nos va a permitir responder mejor ante situaciones de estrés y/o amenazas, induciendo una disminución de nuestro ritmo cardiaco y regulando nuestra respiración (recordemos que la frecuencia cardiaca y respiración están íntimamente relacionadas). En el capítulo 1, veremos cómo un adecuado ejercicio de respiración nos permite regular las funciones de nuestro cerebro como la excitabilidad emocional y nuestra atención. Esto naturalmente repercute positivamente sobre nuestra capacidad para pensar con claridad en momentos de estrés y tomar decisiones adecuadas.

Por otro lado, un nervio vago sano también fomenta la empatía por los demás, formando un puente entre las personas de nuestro entorno. Si recordamos, una de las vías de este nervio es la vía ventral (anterior) asociada a un estado de seguridad, conexión con el entorno, con uno mismo y compromiso social, lo que conforma la base de todo para, posteriormente, poner en marcha mecanismos de autocuidado basados en la atención plena y conciencia corporal.

En la segunda parte del libro, aprenderemos cómo implementar prácticas de regulación de nuestro sistema nervioso a través del movimiento (conciencia corporal) e inducir cambios suaves en nuestro estilo de vida. Estos nos proporcionarán una mayor variabilidad de nuestra frecuencia cardiaca, expandiendo la capacidad de nuestro nervio vago y, con ello, desarrollando mayor resiliencia natural de nuestro sistema nervioso.

Antes de pasar a la práctica, es importante seguir ampliando el conocimiento sobre nuestro sistema nervioso. En el próximo capítulo, veremos cómo funcionan los tres estados de nuestro sistema nervioso y qué mecanismos se disparan en nuestro cuerpo cuando nos quedamos atrapados en uno de ellos.

6
LA TEORÍA POLIVAGAL: LOS 3 ESTADOS DE NUESTRO SISTEMA NERVIOSO

Seguramente hayas pasado de la risa al llanto en cuestión de segundos. De caminar enérgicamente y sin destino aparente a pararte en seco entre la multitud con una soledad no confesada. De sentir que no vas a conseguirlo a lograrlo gracias a esa conversación con tu pareja o amigo. Te invito a que descubras los tres estados de tu sistema nervioso.

Durante muchos años se ha creído que el sistema nervioso opera como un sistema binario, es decir, solo presenta dos posibles estados: uno por el cual nos sentimos tranquilos y en calma (activación del sistema parasimpático), y otro donde nos sentimos excitados por detección de un riesgo y/o amenaza (activación del sistema simpático). La activación de uno implicaba la desactivación del otro, y viceversa.

De forma clásica, estos dos estados (parasimpático y simpático) han sido los tradicionalmente descritos dentro de la superautopista del sistema nervioso autónomo visto anteriormente. Básicamente, estos dos sistemas desempeñaban funciones opuestas, es decir, si el primero contraía las pupilas, el segundo las dilataba. Si el primero disminuía las pulsaciones, el segundo las aumentaba. A través de muchos otros ejemplos propios del funcionamiento de nuestros órganos vitales, el funcionamiento de estos dos sistemas eran regular la función de estos órganos según se detectaba amenaza o no.

Sin embargo, en 1994, el psiquiatra y neurocientífico Dr. Stephen Porges presentaba en EE. UU. una ampliación de la manera de comprender la regulación de nuestro cerebro sobre nuestros órganos vitales. Con ello, nacía la teoría polivagal como una nueva forma de entender nuestro sistema nervioso.

Según esta teoría, es posible activar un tercer estado o respuesta de nuestro sistema nervioso: el estado del compromiso social como indicador de nuestra seguridad individual y colectiva.

La teoría polivagal informa sobre tres posibles estados de nuestro sistema nervioso y, con ello, tres comportamientos diferentes.

La teoría polivagal surge como una teoría innovadora que explica el papel de nuestro sistema nervioso frente a nuestro comportamiento, nuestra respuesta fisiológica (es decir, la respuesta de nuestros órganos corporales) y nuestras funciones cerebrales. Se trata de una teoría que pone de relieve la conexión cerebro-cuerpo mostrando tres posibles respuestas adaptativas de nuestro cuerpo frente a diferentes circunstancias. Estas respuestas o estados adaptativos son los siguientes:

- **Movilización:** estado de lucha o huida de nuestro cuerpo frente a una situación de riesgo y/o amenaza.
- **Inmovilización:** se caracteriza por una respuesta de colapso, apagado o desconexión de nuestro cuerpo.
- **Compromiso social:** estado caracterizado por la sensación de relajación, tranquilidad, bienestar general y conexión con el entorno.

ESTADO DE MOVILIZACIÓN (LUCHA O HUIDA)

El estado de movilización es un tipo de respuesta de nuestro sistema nervioso simpático que nos prepara para la acción. Se trata de una reacción global del cuerpo que moviliza muchos sistemas, órganos y tejidos redirigiendo la sangre para asegurar la llegada de mayor oxígeno a las zonas que más lo necesitan y así favorecer su actividad en momentos de máxima exigencia. Imagina que vas caminando por el bosque y encuentras de forma inesperada un oso. En ese momento, la activación de este sistema movilizará todo el oxígeno hacia tu aparato locomotor para favorecer un mayor bombeo de sangre hacia tus músculos y otras partes de tu cuerpo, garantizando una huida lo más ágil posible.

Te pongo otro ejemplo. Te comunican una noticia que te obliga a diseñar un minucioso plan durante las próximas semanas, lo que conlleva un gran esfuerzo cognitivo por tu parte para asegurar que el plan no tenga fisuras. Seguramente, la activación de este sistema permita una mayor recirculación del oxígeno a tu cerebro para garantizar, de un lado, una mejor regulación emocional que evite la variabilidad en tus acciones por cambios en tus emociones o, de otro lado, un óptimo nivel de concentración que va a requerir altas dosis de atención para así no dispersarte. No debemos entender este tipo de respuesta como una respuesta negativa o patológica, pues este tipo de respuestas la usamos habitualmente cuando se nos demanda energía física, como cuando practicamos deportes o jugamos.

De todos modos, su máxima expresión va a darse en situaciones en las que identificamos una amenaza real, tal es el caso de un día de denso tráfico (paradójicamente se activa nuestro estado de huida o lucha, pero estamos atrapados entre decenas de coches) o ese momento tras las vacaciones en el que descubres que tu bandeja de entrada de tu correo corporativo está copada de mensajes. No salimos huyendo de manera literal, pero nuestro cerebro y cuerpo se preparan para la acción.

La activación puntual de este estado no es un problema en sí, pues el problema viene cuando la activación de este estado se produce con frecuencia y se mantiene en el tiempo. En este caso, este estado mantenido en el tiempo puede conducir a la hiperexcitación de nuestro cerebro y cuerpo y causar los siguientes síntomas:

- sentimiento de inquietud, con dificultad de lograr un estado de calma o quietud;
- estado de agitación, irritabilidad o frustración;
- sentimiento de miedo, ansiedad y estrés;

- hipervigilancia, con especial facilidad para detectar riesgos, dificultades y peligros (donde en ocasiones no lo hay);
- incapacidad para prestar atención y concentrarse, niebla mental;
- necesidad de escapar o salir huyendo;
- conducta agresiva;
- pensamientos no deseados e intrusivos.

El estado de movilización no debe ser considerado como algo patológico. Lo experimentamos en situaciones muy cotidianas. El problema viene cuando este estado se prolonga en el tiempo y la provoca hiperexcitación de nuestro cerebro.

ESTADO DE INMOVILIZACIÓN (DESCONEXIÓN O APAGADO)

El estado de inmovilización es un estado de parada y disminución de la actividad (hipoexcitación) con nosotros mismos y con nuestro entorno. Es como si nuestros canales sensoriales se cerrasen de tal forma que no percibimos la entrada de estímulos que pueden contribuir en nuestro bienestar (por ejemplo, escuchar tu lista de reproducción de música favorita, disfrutar de la brisa marina o del contacto con el césped recién cortado o, simplemente, tener una agradable conversación).

Este tipo de estados se pueden dar con frecuencia cuando nos enfrentamos a un episodio de estrés mantenido en el tiempo y que conlleva inflamación de bajo grado, algún trauma extremo o, simplemente, agotamiento por exceso de tareas o tareas abrumadoras, como puede ser la presentación de un trabajo de altas exigencias. Cuando nuestro cuerpo y cerebro se ven sobrepasados, podemos entrar en un estado de cierre, retraimiento e inmovilización, también conocido como hipoexcitación. En este estado, podemos experimentar la sensación de que el mundo exterior adquiere dimensiones desproporcionadas, abrumándonos y haciéndonos sentir diminutos. También podemos percibir que nada de lo que hay afuera resulta interesante o atractivo. Puede afectar de tal manera en nuestro funcionamiento general que nos impida reunir la energía necesaria para realizar tareas diarias básicas como levantarnos por la mañana o alimentarnos debidamente.

Este estado mantenido en el tiempo puede manifestarse con los siguientes síntomas:

- sentimiento de entumecimiento corporal y desconexión con nuestro cuerpo;
- respuesta de congelación y falta de apetencia hacia todo lo exterior;
- incapacidad para prestar atención y concentrarse;
- niebla mental y/o agotamiento;
- incapacidad para tomar decisiones;
- incapacidad para la planificación;
- pérdida de memoria;
- falta de sensibilización de nuestros órganos de los sentidos;
- poco interés en hablar;
- necesidad de aislamiento social.

Los seres humanos podemos desplegar un amplio abanico de síntomas que comprenden uno y otro estado de los vistos anteriormente cuando se enfrenta a una situación de estrés-inflamación y/o trauma. Ambos estados son estados de supervivencia para nuestro cerebro.

Puede darse que se manifieste con una combinación de síntomas de ambos estados a lo largo del mismo día o semana, en función del tipo de estímulo que continúe alimentando la respuesta de supervivencia de la persona.

No obstante, cuando el sistema nervioso no es capaz de completar su respuesta natural, basada en la supervivencia (activación simpática), la experiencia negativa puede quedar registrada en el cerebro y en el cuerpo, provocando diferentes problemas fisiológicos y emocionales.

ESTADO DE COMPROMISO SOCIAL (TRANQUILIDAD, RELAJACIÓN Y BIENESTAR GENERAL)

La activación de este tercer estado depende directamente de la activación del sistema parasimpático, responsable de los estados de calma, relajación y bienestar general.

Desde un punto de vista de las funciones cerebrales, esto puede manifestarse de muchas maneras. Desde lo emocional, con una sonrisa que esbozamos de forma natural en nuestra cara cuando nos presentan a alguien nuevo, cuando logramos un pequeño éxito o cuando nos sentimos más conectados con nuestros seres queridos, entre otros. También puede manifestarse mejorando nuestras funciones de atención y memoria: mostramos atención plena y nos concentramos mucho mejor, recordamos cada cosa que hacemos y las repercusiones de nuestras acciones, pudiendo balancear estas últimas, lo cual nos ayuda a seguir planificando y tomar decisiones, por ejemplo.

Hablamos de un estado de compromiso social porque, cuando somos capaces de estar en ese punto, estamos bien con nosotros mismos. Estar conectados con nosotros mismos, siendo conscientes de que lo pensamos, sentimos y de cómo actuamos, nos permite conectar con los demás. En esta conexión social, mostramos otras cualidades de la naturaleza humana, como la bondad, la compasión y la amabilidad, entre otras, y, además, disfrutamos haciéndolo. Si logramos llegar aquí, tenemos un sistema nervioso muy equilibrado.

La conexión social sincera con los demás solo es posible cuando existe conexión con uno mismo. Cuando esto ocurre, se despliegan la bondad, compasión y amabilidad.

La activación de este estado nos permite descansar de la tensión asociada a las respuestas de lucha o huida (como es la ansiedad), atender a nuestras necesidades de primer orden (dormir y alimentarnos bien, por ejemplo), destinar tiempo para nuestro autocuidado y adquirir nuevos hábitos saludables. En definitiva, gozar de un mejor bienestar individual y social también.

El estado de compromiso social es un indicador de un sistema nervioso sano y equilibrado.

A lo largo de los próximos capítulos, veremos cómo cada uno de estos tres estados pueden activarse por cambios observados en nuestro entorno, así como cambios que tienen lugar internamente en nosotros y que están regulados por el nervio vago. Un nervio vago sano va a ocuparse de que todo nuestro organismo funcione de manera óptima y nos va a mantener en un estado de equilibrio fisiológico (homeostasis) que se traduce en un estado de capacitación mayor para afrontar las situaciones de estrés. Es importante saber que la acción más importante debe tener lugar cuando el peligro ya ha pasado. Por ello, no podemos permitirnos la licencia de perder atención y foco mental en este tipo de situaciones y, así, mantener unos niveles de conciencia mental y corporal adecuados para seguir actuando en la medida que nuestro cuerpo y cerebro lo necesitan.

7
¿CÓMO ES UN SISTEMA NERVIOSO BIEN REGULADO?

*Habrás escuchado cientos de veces que el conocimiento
es poder. Aprender a usar ese conocimiento, ese es el
verdadero poder. Aprender a usar tu sistema nervioso para
que trabaje siempre a tu favor es poder y privilegio.*

¿CÓMO ES UN SISTEMA NERVIOSO BIEN REGULADO?

Un sistema nervioso regulado es, en esencia, un sistema nervioso que demuestra una alta capacidad de resistencia. En los últimos años, la resistencia se ha asociado al concepto de resiliencia, entendiendo esta última como la capacidad de una persona de recuperarse tras haber sufrido alguna experiencia traumática, dificultad o, simplemente, haber afrontado un reto.

En ocasiones, las personas que han sufrido algún proceso traumático se quedan encalladas en el proceso y no prosperan. Prosperar es volver a tomar las riendas de tu vida, promover tu bienestar y estar en armonía contigo mismo y con los demás. Un sistema nervioso bien regulado demuestra una gran capacidad para estar bien con uno mismo y para las relaciones interpersonales. Nos permitirá afrontar errores o retos puntuales sin sentirse sobrepasado por ellos, juzgando con altas dosis de realidad el momento presente y no viéndose abrumado por cuestiones del pasado o del futuro, ante las cuales no hay ninguna garantía de que vayan a suceder. Además, un sistema nervioso bien regulado nos permite vivir en el momento presente. Nos facilita la conexión con nuestro cerebro y nuestro cuerpo aumentando nuestro nivel de conciencia, permite la planificación y toma de decisiones, la resolución de problemas junto con una acción realista y coherente en posibilidades y tiempo. Adicionalmente, un sistema nervioso bien regulado nos enseña que no debemos sentirnos abrumados por aquello que está fuera de nuestro control y nos enseña a liberarnos de cargas innecesarias.

De hecho, la resistencia de nuestro sistema nervioso no reside en su capacidad de permanecer siempre en el estado de compromiso social (naturalmente este sería el ideal utópico), sino en su capacidad de identificar el factor estresante y, con ello, el estado en el que nos encontramos, así como la capacidad para cambiar de uno a otro de manera deliberada. Esta capacidad de cambio permite que nos adaptemos en la medida de la situación estresante sobrevenida para afrontarla de manera específica y con los mecanismos regulatorios adecuados, lo que implica que, una vez el factor estresante ha pasado, nuestro cuerpo vuelve a funcionar normalmente.

Cuando nuestro sistema nervioso es resistente, sentir conexión con nuestro cuerpo propicia una mayor sensación de seguridad lo que nos permite navegar por el mundo y ante cualquier circunstancia, adaptando nuestra respuesta según necesidad. Esto nos aporta una sensación de absoluta confianza en nosotros mismos con capacidad de expansión y adaptación sin límite alguno.

La resistencia de nuestro sistema nervioso reside en su capacidad de identificar el factor estresante y, con ello, el estado en el que nos encontramos, así como su capacidad para cambiar de uno a otro de manera deliberada.

El mejor conocimiento sobre nosotros mismos es aquel que nos permite identificar estados, es decir, cuándo nos encontramos en un estado de hiperexcitación o hipoexcitación. En otras palabras, cuándo nuestro sistema nervioso ha perdido el control de la regulación (al alza o a la baja). Si hemos cultivado un sistema nervioso resistente, seremos capaces de usar nuestros recursos para ayudar a nuestro sistema nervioso a desplazarse hacia sus niveles normales.

UN SISTEMA NERVIOSO DESREGULADO

Un sistema nervioso desregulado es un sistema nervioso abrumado, es decir, sin control de la situación, estado que puede prolongarse tiempo después de haber desaparecido el desencadenante.

En ocasiones, el sentimiento es de impotencia, ante lo cual creemos no tener recursos para combatirlo. Caminar por la vida con un sistema nervioso desregulado es como caminar sobre una cuerda floja. Todo cuanto nos encontramos en ese camino lo percibimos como una amenaza que nos puede hacer perder el equilibrio y caer. El sobreesfuerzo por mantenernos en la cuerda nos hace sentir agotados, además de irritados. Toda nuestra energía es invertida en garantizar nuestra supervivencia y poder sentirnos seguros. Cuando los estados de desregulación de nuestro sistema nervioso no son detectados o intervenidos a tiempo, podemos caminar por ellos durante mucho tiempo, tanto que el problema puede hacerse crónico, es decir, ese estado ya no es en respuesta a un factor desencadenante, sino que comienza a convivir con nosotros también en ausencia del factor estresante. Es como tener todo el tiempo nuestro cuerpo preparado y en alerta para la amenaza, lo que resulta agotador a nivel fisiológico para nuestro organismo.

Si no trabajamos la atención corporal, posiblemente no atendamos a las señales de nuestro cuerpo. Es entonces cuando aprendemos a convivir de manera constante en un estado u otro de desregulación, normalizándolo, incluso en ausencia del factor estresante.

Seguramente recuerdes cuando hablábamos de inflamación (capítulo 3) que aquellos adultos que habían vivido estrés no resuelto y mantenido en el tiempo durante su niñez o en tiempos posteriores, tenían una sobreestimulación de su sistema de defensa. En concreto, sus células de defensa vivían en sobreaviso continuo y preparados ante la detección de cualquier mínima amenaza, desencadenando cascadas inflamatorias, en ocasiones, altamente desproporcionadas.

Si nuestro sistema nervioso está crónicamente desregulado, todos los demás órganos y sistemas cuyo buen funcionamiento dependen de la adecuada gestión de nuestro nervio vago, pueden verse alterados. Esto implica que podamos empezar a sentir dolor, malestar digestivo, cambios en nuestra frecuencia respiratoria o cardiaca, entre otros síntomas.

En la sociedad actual, muchas nuevas enfermedades y trastornos han sido acuñados como enfermedades del siglo XXI. Estas, de etiología variada, es decir, con numerosas causas que han podido originarla, se presentan con afectación de varios sistemas como son las alteraciones digestivas o de la piel. Más adelante veremos que no solo es necesario la importancia de conocer qué sistemas de nuestro organismo están regulados por nuestro nervio vago, lo cual nos va a aportar una valiosa información para comprender determinados síntomas en nuestro cuerpo cuando tenemos nuestro sistema nervioso desregulado. Además, el sistema nervioso se apoya sobre otros sistemas como, por ejemplo, el tegumentario (la piel), lo que también nos informa que una posible desregulación del primero implica alteraciones en nuestra piel.

Las nuevas enfermedades del siglo XXI presentan dos rasgos comunes: pérdida de regulación del sistema nervioso e inflamación.

Todo esto nos confirma que estas nuevas enfermedades caracterizadas muchas por la falta de regulación de nuestro sistema nervioso, pueden presentar una sintomatología muy variada a nivel corporal dada las múltiples interacciones entre los diferentes sistemas implicados. De todos modos, si he de trazar un denominador común a todas estas enfermedades, diré que en todas hay presente una activación de nuestro sistema de defensa que es global y transita por todo nuestro cuerpo. Volvemos al concepto de inflamación de bajo grado. Un sistema nervioso desregulado es un cuerpo inflamado.

SÍNTOMAS DE UN SISTEMA NERVIOSO DESREGULADO

Un sistema nervioso desregulado puede manifestarse en una amplia variedad de síntomas, que van desde el agotamiento físico hasta posibles convulsiones en casos extremos. Algunos síntomas leves muy comunes son los siguientes:

- estado de inquietud constante,
- estado de sobrerreacción constante,
- dolor de cabeza frecuente y/o migrañas,
- mareos y/o vértigos frecuentes,
- náuseas,
- agotamiento físico y mental,
- exceso de sensibilidad sensorial,
- pérdidas de memoria,
- dificultad de atención,
- dificultad para relajarse,

- problemas digestivos,
- alergias o intolerancias,
- exceso de sudoración o pérdida de control de la temperatura corporal,
- insomnio (dificultad para conciliar o permanecer dormido),
- irritabilidad.

Cuando nuestro sistema nervioso se desregula de forma crónica, entra en un estado de supervivencia constante y lo pone en un estado de vigilancia o alerta máxima. Así, se activará muy fácilmente frente a un estímulo, en ocasiones desproporcionadamente, o percibirá amenazas donde no las hay.

Si te sientes identificado con todo esto, sabrás de primera mano que, en ese estado, es difícil pensar con claridad, tomar decisiones, planificar o soñar en grande. Tu mundo seguramente se haya encogido y todo cuanto se cruza en tu camino lo consideras un potencial riesgo para tu supervivencia. Esto genera emociones negativas y sobredimensionadas, además de pensamientos sobrecogedores (piensas que todo lo malo puede pasarte a ti), lo cual no necesariamente coincide con el estímulo concreto con el que estás lidiando en ese momento. Tu cuerpo reaccionará de forma desproporcionada, bien aumentada o insuficiente frente al estímulo. Si exploramos la raíz, esta estará vinculada a una situación de estrés no resuelta o inacabada vivida en el pasado. Si, por el contrario, es la primera vez que consideras que te enfrentas a un episodio traumático y con alta carga de estrés, no existen antecedentes y memoria en tu cuerpo. En cualquiera de los escenarios, las medidas serán las mismas. Lo importante es identificar el estímulo desencadenante y saber si se han podido dar episodios en años anteriores en tu vida para comprender la magnitud de reacción de nuestro cuerpo.

8
TRANSITAR ENTRE LOS DIFERENTES ESTADOS DE NUESTRO SISTEMA NERVIOSO

¿Cuál es tu capacidad para cambiar de registro? ¿Te consideras versátil? Esta es la verdadera virtud de una persona con un sistema nervioso robusto. Su capacidad para cambiar de un estado a otro y conducirlo hacia el estado de máximo bienestar.

TRANSITAR ENTRE LOS DIFERENTES ESTADOS DE NUESTRO SISTEMA NERVIOSO

Según veíamos en el capítulo 6, tu sistema nervioso puede encontrarse en tres estados diferentes: dos corresponden a un estado de supervivencia (activación simpática) y uno a un estado de tranquilidad y bienestar (activación parasimpática). Te recuerdo los tres estados:

1. Estado de movilización (lucha o huida).
2. Estado de inmovilización (desconexión o apagado).
3. Estado de compromiso social (relajación, tranquilidad y bienestar).

Es necesario recordar que el primer estado puede darse de manera muy frecuente a lo largo de tu día a día cuando sientes esa energía excitante por el mero hecho de estar con tus amigos o hacer una actividad que te gusta. Este no es un estado patológico. El problema viene cuando identificamos una amenaza real que activa la expresión máxima de este estado a través de la movilización, lucha o huida.

Una diferencia destacable entre los estados 1 y 2 es que, en el segundo, la activación de la vía correspondiente del nervio vago activa a su vez a todos los órganos que se sitúan por debajo del diafragma. Esto justifica que en estados de inmovilización y apagado, la pérdida de apetito o molestias en el sistema digestivo, entre otros, sean frecuentes.

El estado movilización está ligado a cambios en la frecuencia respiratoria o cardiaca. El estado de inmovilización, a cambios en tu sistema digestivo.

En el caso del estado 1 (movilización, lucha o huida), la activación de la vía vagal correspondiente está más relacionada con sistemas que se localizan por encima del diafragma, tales como el corazón o sistema respiratorio. Esto justifica cambios en la frecuencia cardiaca o respiratoria, cuando nos sentimos sobreexcitados o movidos a la huida. Por el contrario, el estado 3 es un estado de enraizamiento con nosotros mismos y los demás. Nos encontramos tranquilos y seguros y, al mismo tiempo, la vía del nervio vago que lo regula interactúa con nuestro entorno. De tal manera que influye y fomenta la conexión y las relaciones con los demás, siendo posible calmarnos simultáneamente y dotándonos de seguridad y confianza para desenvolvernos con éxito en las interacciones sociales.

IMPORTANCIA DEL ESTADO DE COMPROMISO SOCIAL

Empezamos por este porque es nuestro ideal utópico. El estado 3, basado en la calma y bienestar, tiene un fuerte carácter social. Es importante aprender a caminar por este estado pues el ser humano es un ser social, desde un punto de vista evolutivo.

Desde tiempos ancestrales nuestra supervivencia como especie ha estado íntimamente ligada a nuestra capacidad para colaborar y crear vínculos sociales. Actualmente, esto sigue siendo así también. El carácter individualista de una persona puede empujarla a su aislamiento y falta de compromiso social, manteniéndolo en un estado de desconexión constante.

Una anécdota de nuestro carácter social desde el nacimiento

Desde un punto de vista biológico, este carácter social de la persona es una condición sine qua non propia del ser humano, pues nacemos desvalidos y dependientes de nuestros padres o cuidadores, rasgo exclusivo de nuestra especie animal. Si imagináis un potro o cervatillo, al poco tiempo de nacer, caminan por ellos mismos y se suman con suficiente

autonomía a la manada. En el caso del ser humano es dife-
rente. El hecho de tener el cerebro más evolucionado de todas
las especies animales tuvo un alto coste para nosotros desde
un punto de vista evolutivo. A cerebro más evolucionado, más
recursos fisiológicos son destinados al mismo cuando nace-
mos para garantizar su funcionamiento. Esto justifica que
nacemos cabezones y con poca fuerza muscular en el resto
del cuerpo (fenómeno conocido como hipotonía o bajo tono
muscular). A su vez, esto explica que durante los primeros
meses no tengamos sostén cefálico y el hito de caminar se
dé próximo al año de vida. En otras palabras, nacemos muy
dependientes y eso nos empuja a una mayor sociabilización
con nuestro entorno.

Por otra parte, la adopción de la postura bípeda (caminar
sobre dos piernas) a lo largo de la evolución también tuvo un
alto coste sobre nuestro cerebro y nuestro cuerpo. Con esta
nueva condición, el canal del parto en la mujer se estrechó,
con lo cual para que durante la expulsión del feto pudiera
pasar un cerebro diseñado ya para ser el más evolucionado
del reino animal, había que acortar el tiempo de gestación,
asegurando que el cerebro tuviera un tamaño viable para su
expulsión. Esto último es la razón por la cual somos el único
animal cuyo cerebro nace aún inmaduro y requiere de fuertes
interacciones con padres, familiares y, en general, el entorno
social para su adecuada maduración.

Todas las razones expuestas anteriormente (a modo de anécdotas sobre nuestro cerebro) justifican que los bebés sean absolutamente dependientes de sus padres o criadores al nacer. Esto aumenta la necesidad de su conexión social con las personas más allegadas de su círculo. Utilizan el llanto para llamar la atención de sus cuidadores, lo que les permite no solo alimentarse, sino también sentirse seguros al saber que están protegidos.

Por supuesto, durante toda la infancia y adolescencia, el cerebro del niño y adolescente necesita interactuar con otros cerebros y un entorno social en general pues su cerebro aún sigue madurando hasta bien entrados los veintiún años. A medida que los niños crecen y se desarrollan, también lo hacen sus relaciones de apego, que empiezan a extenderse a personas diferentes de sus cuidadores principales, eclosionando así su mundo social.

Como veremos más adelante, una de las principales medidas de regulación de nuestro sistema nervioso es lograr un entorno seguro. Esta seguridad se adquiere en la medida que los niños y los adultos aprenden a interrelacionarse con otros y descubren qué o quiénes aportan a su seguridad para establecer las bases y, desde ahí, construir. No se puede iniciar un trabajo de regulación de nuestro sistema nervioso si la persona no siente que trabaja desde un entorno o lugar seguro.

En los niños, este sentimiento de seguridad, por norma general, lo aportan sus padres. En la medida que se va creciendo, el adulto va a ir expandiendo su círculo social encontrando el apoyo en otras personas, no necesariamente de su familia, para pedir ayuda o afrontar momentos de necesidad o crisis.

Para regular nuestro sistema nervioso, lo primero es garantizar un entorno seguro para iniciar el proceso.

Como humanos, esta respuesta amistosa nos ayuda a sobrevivir. Cultivar las relaciones sociales nos ayuda a construir una red de seguridad. Sin embargo, estas relaciones deben ser sinceras y recíprocas. Aquí no me refiero a la falsa sensación de conexión social que generan, por ejemplo, las redes sociales.

Cuando la persona se siente conectada a otras de una forma honesta e incondicional, se construye una relación sólida y robusta que contribuye, en buena medida, a la salud mental y bienestar general. El resultado arroja diferencias con respecto a aquellas personas que no están socialmente conectadas.

Es importante comprender que las personas con su sistema nervioso desregulado presentan mayor dificultad para conectar con los demás. En el siguiente apartado veremos qué cambios se experimentan en los estados 1 y 2. En cualquiera de los casos, una de las primeras respuestas es alejarse de la construcción social. La persona se encuentra en un estado de supervivencia, de tal forma que esto deja de ser una prioridad. En los estados 1 y 2, construir socialmente deja de ser una prioridad.

Igualmente, cabe resaltar que las personas que han sufrido algún tipo de experiencia traumática presentan mayor dificultad para confiar en los demás o sentirse seguras en su entorno más cercano. Esto puede hacer que sea más difícil formar vínculos sociales sólidos y experimentar los beneficios del apoyo social. Por el contrario, cuando el sistema de compromiso social está activado, nos sentimos conectados con nuestro entorno lo que redunda en nuestro bienestar individual. Estar conectados con los demás nos hace más propensos a producir señales faciales adecuadas (tales como sonreír) o prestar más atención en las conversaciones con los demás desde la escucha activa.

Podemos tomar estos últimos datos como indicadores del estado de bienestar de nuestro sistema nervioso o, también, como información en nuestro proceso de recuperación. No podemos olvidar que trabajar nuestro sentimiento de seguridad, de pertenencia a un colectivo mayor (una familia, un trabajo, un club de deporte, etc.), así como crear redes de apoyo, es una piedra angular en este proceso.

ACTIVACIÓN DEL ESTADO 1: MOVILIZACIÓN, LUCHA O HUIDA

Cuando se activa el estado de movilización, tu cuerpo experimenta importantes cambios fisiológicos resultando en una hiperexcitación.

Las reservas de glucosa, es decir, nuestra moneda energética, es lo primero que se moviliza. Su liberación se dirige fundamentalmente a los músculos para prepararlos para una mayor actividad y, así, permitir la lucha o huida. Además, se potencia también la liberación de adrenalina permitiendo que la sangre circule hacia los grupos musculares y los pulmones tengan mayor capacidad respiratoria. Todos estos mecanismos van a contribuir en una mayor agilidad de nuestro cuerpo. El ejemplo más cercano es imaginarnos cuando jugábamos de pequeños al pilla-pilla y, cuando éramos nosotros los perseguidos, sentíamos ese pico de adrenalina que nos permitía acelerar para evitar ser pillados. Fisiológicamente, ya tenían lugar cambios en el interior de nuestro cuerpo para experimentar ese cambio de revolución en nuestra movilidad.

Esta respuesta supone un alto coste energético, de tal forma que una vez ha pasado, es lógico que nos sintamos exhaustos.

Visualmente, este tipo de respuesta se manifiesta físicamente en las personas con un aumento del tamaño del pecho como resultado del aumento de la capacidad pulmonar. Es tal que así que la persona hincha el pecho y adopta una postura más erguida e impostada. También puede acompañarse de ciertos rasgos de agresión como gritos o altercados físicos, o más sutilmente, con cambios del tono vocal, la velocidad del habla o, simplemente, el tipo de lenguaje empleado. Es una respuesta que implica acción muscular pero no necesariamente la persona debe salir corriendo o huyendo literalmente. Simplemente, se pone en estado de máxima alerta y/o vigilancia con variaciones en su respuesta adaptadas a las diferentes circunstancias.

En el estado de movilización, hay una mayor participación del músculo que implica agilidad en tus extremidades, pero también mayor fuerza en los músculos de tu garganta, entre otros ejemplos. Sube el tono de voz.

La finalidad de esta respuesta es crear el mayor espacio posible entre la amenaza detectada y nosotros. Esto puede implicar movilidad o no. Por último, es necesario añadir que este tipo de respuesta suele darse cuando ha fracasado el estado de compromiso social, tranquilidad y bienestar. Hay situaciones en las que fracasa este estado, pues no se logra el resultado esperado de esa conversación de pareja tan necesaria o, simplemente, no somos capaces de estar tranquilos con nosotros mismos y llenos de quietud. Sin embargo, no siempre es necesario que fracase este estado. En ocasiones, se omite este estado por falta de conocimiento, voluntad o interés, pasando directamente a activar la respuesta de movilización.

En este libro, no ofreceré técnicas concretas para lograr el estado 3. Cabe recordar que el objetivo es ofrecer un amplio abanico de recursos para aumentar la resistencia de nuestro sistema nervioso y, con ello, desarrollar la capacidad de pasar de un estado a otro de manera controlada y voluntaria. Para ello, el primer paso es conocer estos tres estados y aprender a identificarlos.

ACTIVACIÓN DEL ESTADO DE INMOVILIZACIÓN, DESCONEXIÓN O PARADA

Cuando nuestro cuerpo y cerebro detectan que, tanto el compromiso social como la movilización frente a una amenaza ya no son suficientes o han fracasado, se activa de manera automática la respuesta de inmovilización, desconexión o parada. En adelante, nos referiremos a ella como respuesta de desconexión.

La respuesta de desconexión puede ser considerada como una saturación de nuestro sistema nervioso que impulsa a nuestro cerebro y cuerpo a regular a la baja hacia un estado depresivo tipo «congelación». Esta respuesta de desconexión (congelación) viene acompañada de emociones y estados como son el miedo, la ansiedad o el pánico. Los ejemplos para ilustrar este estado son muchos y variados y, como pasaba con el estado de movilización, no siempre deben haber fracasado algunos de los estados anteriores para poner este en marcha.

Algunos ejemplos son: la primera vez que nos enfrentamos a nuestro primer trabajo con alta responsabilidad sin la supervisión de nuestro jefe, una presentación en público ante una audiencia grande, afrontar una conversación difícil cuya experiencia anterior nos demuestra que el resultado nunca es el deseable, afrontar un reto que nos paraliza como conducir de noche o circular en vías con mucha pendiente o, por último, experimentar la maternidad por primera vez sin un libro de instrucciones.

En el caso concreto de esa conversación pendiente que consideras crucial para marcar el rumbo de los siguientes pasos de tu familia o relación de pareja, puede haberse dado el fracaso de los estados anteriores. De un lado, el compromiso social para reconducir la situación y, con ello, una adecuada conversación constructiva parece no haber sido suficiente. Tras varias conversaciones posteriores acaloradas y subidas de tono, con gesto impostado y respuesta de huida, parece que tu última opción es adoptar una respuesta de desconexión y parada.

Este tipo de respuestas se presenta también con frecuencia acompañadas de agotamiento mental y físico. Tu sistema nervioso se siente abrumado y decide apagarse por completo. Un accidente de tráfico, una incidencia médica, el dolor por la pérdida de un ser querido, recibir una noticia dolorosa, una mala ruptura, entre muchas otras, probablemente activarán tu estado de desconexión. Sobre todo, lo hará si las circunstancias se prolongan en el tiempo contribuyendo al estado de agotamiento de tu sistema nervioso mencionado anteriormente.

El estado de inmovilización se caracteriza por la sensación de sentirse abrumado y exhausto.

A modo de protección, ante el dolor que se siente en este estado, nuestro organismo libera un tipo de moléculas llamadas opioides endógenos que, al actuar sobre sus receptores, ralentiza la transmisión de la información de dolor en nuestro cerebro haciendo que nos sintamos «adormecidos». Naturalmente, esto nos ayuda a combatir el dolor, pero también nos hace caminar por la vida en un estado inerte, como si no fuéramos dueños de nuestra vida o perdiéramos el control consciente sobre ella.

En muchas ocasiones, este estado va acompañado de los sentimientos de vergüenza y culpa, entrando en un bucle de lamentaciones y arrepentimientos. Naturalmente, hay muchos otros sentimientos y/o estados que pueden expresarse en este estado como son la derrota, desesperanza, disociación o desconexión de nuestro cuerpo y mente, depresión, así como alteraciones o pérdida total de la conciencia.

En cualquiera de los casos, salvo en el último, identificar el tipo de sentimiento y/o estado frente a este tipo de respuesta es el primer paso para saber dónde estamos, a qué nos enfrentamos y qué ayuda necesitamos para poder transitar por ella con velocidad de crucero. Debemos recordar que nuestro objetivo es desarrollar la capacidad de poder pasar de un estado a otro, demostrando así la fortaleza de nuestro sistema nervioso.

9
FACTORES QUE AFECTAN
NEGATIVAMENTE A NUESTRO
SISTEMA NERVIOSO

Tienes una oportunidad cada mañana para provocar un nuevo cambio positivo para ti. Depende solo de ti. Está en ti.

Todos los hábitos que llevamos a cabo en nuestro día a día impactan sobre nuestra salud. Desde los alimentos que tomamos, su valor nutricional, hasta el número de horas que dormimos. La calidad de nuestras relaciones personales, pasando por la calidad de nuestras conversaciones. La actividad física que hacemos y la que no hacemos.

Desde hace muchos años comienza a extenderse la cultura de los hábitos de vida saludables como si de una fuerza dogmática se tratase. Sin embargo, más allá de copar el marketing de muchos negocios que encuentran en la salud de las personas una alta rentabilidad empresarial, la evidencia científica describe cada vez de manera más minuciosa los cambios fisiológicos que tienen lugar en nuestro organismo asociados a determinados hábitos.

En este sentido, la nutrición y la actividad física deben ser entendidos como dos pilares fundamentales en los que se apoya nuestra salud cerebral y corporal. Por ello, disciplinas como nutrición humana, medicina física y del deporte, fisioterapia y otras especialidades que comienzan a resonar cada vez más en los últimos años, ofrecen respuestas de salud integrativas, atendiendo a las demandas y exigencias de los actuales estilos de vida y su repercusión sobre nuestro organismo, entendido este como una entidad global. Por supuesto, pongo en valor la biología, la cual permite adquirir un conocimiento global del organismo desde su base celular. No olvidemos que la comunicación entre los diferentes sistemas de nuestro organismo es posible gracias a la que se da entre sus células y la difusión de moléculas de diferentes naturalezas.

TOXINAS AMBIENTALES

Las toxinas ambientales son una parte inevitable y desafortunada del estilo de vida del siglo xxi. Hablamos de toxinas ambientales porque las encontramos en nuestro ambiente, no necesariamente ligadas a un contexto medioambiental. Sus fuentes son diversas. Pueden proceder de pesticidas y herbicidas, plásticos como el BPA, algunos metales como por ejemplo los que se desprenden junto al humo del tabaco de cigarrillos convencionales y algunos vaporizadores, así como los metales que acompañan a algunos implantes dentarios. Estas toxinas también podemos encontrarlas de manera frecuente en alimentos ultraprocesados, fragancias y algunos medicamentos.

Las toxinas ambientales presentan diferentes estructuras químicas y difieren en su función biológica, así como su grado de toxicidad. Algunas afectan a la función cognitiva y neurológica, otras a la fertilidad y la función reproductiva, otras provocan cambios de peso y alteraciones de los niveles de glucosa en sangre (conduciendo a una posible diabetes tipo 2). También pueden provocar cambios en la respuesta inflamatoria induciendo enfermedades autoinmunes, por ejemplo, la dermatitis atópica en la piel.

Seguramente si has llegado hasta aquí estarás asociando el texto anterior a ciertos problemas o enfermedades de alta prevalencia en los últimos años, como es la recién mencionada diabetes tipo 2, la obesidad, la dermatitis atópica u otras autoinmunes como los eccemas en la piel, o problemas de fertilidad en la mujer, cada vez más extendidos.

Las exigencias de los procesos industriales actuales conducen, en ocasiones, a reducir los costes de producción o tiempos y, con ello, al uso de sustancias, materiales y/o ingredientes que pueden presentar un perfil no tan seguro desde el punto de vista de la toxicología. Un ejemplo claro reside en la producción masiva de alimentos ultraprocesados, porque estos encuentran un digno lugar en la llamada «sociedad de las prisas».

Cuando una sustancia desregula nuestro sistema nervioso implica un desequilibrio entre las diferentes vías del nervio vago que este coordina. Esto significa que la balanza puede estar inclinada con mayor frecuencia hacia los estados de hiperexcitación o hipoexcitación (estados 1 y 2, respectivamente), encontrando mucha reticencia y dificultad para inclinarla hacia el lado contrario, el de la tranquilidad y bienestar (estado 3). Esto implica que la persona pierde o es incapaz de adquirir la habilidad para pasar de un estado a otro, según necesidad.

Si nuestro nervio vago deja de funcionar adecuadamente, afecta a los órganos y sistemas que él supervisa. Entonces deja de funcionar el sistema de comunicación bidireccional (recordemos el *walkie-talkie*) y la información que se refleja en nuestro cuerpo no es comunicada de manera eficiente a nuestro cerebro y viceversa. Comienza la pérdida de comunicación entre ambas entidades y, con ello, la disociación cerebro-cuerpo. Cuando se rompe esta comunicación, se rompe la capacidad regulatoria que tiene nuestro nervio maestro (el nervio vago) para restaurar el equilibrio. Que este pueda comunicar implica que puede regular de manera eficiente.

ALIMENTOS ULTRAPROCESADOS

En los últimos años son cada vez más los estudios que demuestran que la presencia de conservantes en los alimentos (diseñados para alargar su vida útil) están directamente asociados a mayores niveles de inflamación de bajo grado.

Existe otro concepto técnico relacionado con lo anterior y que es responsable, en buena medida, de una parte de los problemas digestivos que acontecen con mayor prevalencia en la sociedad de los últimos años: la disbiosis. La disbiosis designa una alteración de la microbiota bacteriana que vive con nosotros en nuestros intestinos, la llamada flora intestinal. Esta población de bacterias buenas es necesaria para realizar los procesos adecuados de absorción de nutrientes desde el intestino a la sangre para que, una vez aquí, se distribuya y llegue a su lugar de destino. No olvidemos que la comida que ingerimos tiene una función biológica sobre nuestro organismo. En ocasiones nos aportará calcio para nuestros huesos; en otras, sales como potasio o magnesio para llevar a cabo procesos biológicos tan esenciales como respirar. De ahí la importancia del valor nutricional de los alimentos que ingerimos. Sin embargo, si su valor nutricional es bajo (algo común a los ultraprocesados) y, además, altera nuestra microbiota bacteriana, es posible que nuestro cuerpo no sea capaz de absorber los nutrientes adecuados de estos alimentos.

Los alimentos ultraprocesados presentan un bajo nivel nutricional y pueden alterar nuestra flora bacteriana, provocando una mala absorción de los alimentos que tomamos.

Llevo algún tiempo observando casos muy cercanos de obesidad o exceso de peso. Personas absolutamente concienciadas de cambiar hábitos en su alimentación y seguir estrictamente las dietas recomendadas por los profesionales que les asesoran u otros medios. Seguramente, los alimentos que tomen son los adecuados, de alto valor nutricional. Pero es probable que ya exista un problema de base que no ha sido abordado anteriormente y que reside en sus intestinos. Probablemente la absorción de los nutrientes no sea ya eficiente y por mucho que la ingesta de los alimentos sea la correcta, la adecuada asimilación de sus nutrientes para que cumplan con su estricta función no está asegurada. Es posible que al no efectuarse esta absorción satisfactoria, su nervio vago transmita al cerebro falta de saciedad; en otras palabras, que la persona continúa teniendo hambre. Su cerebro enviará las señales oportunas para que se mantenga bien el apetito y, con ello, su apetencia por seguir comiendo. En definitiva, un problema de naturaleza digestiva, unido a fallos en la regulación del sistema nervioso.

Cabe mencionar también que otras investigaciones recientes han puesto de manifiesto que alimentos ricos en grasas saturadas activan los procesos inflamatorios de nuestro intestino. Posiblemente, esto también esté asociado a la sensación de vientre inflamado.

Algunos problemas de sobrepeso pueden estar relacionados con alteraciones del nervio vago.

Por supuesto, no podemos olvidar que la salud cognitiva también necesita de la nutrición. Cualquier procedimiento que tiene lugar en nuestro cerebro tiene como base el proceso de sinapsis o comunicación entre neuronas. En él intervienen sales como el potasio o el sodio, cuya presencia en los alimentos es fundamental. De ahí la importancia de consumir productos frescos como frutas y verduras y desplazar los alimentos ultraprocesados. Asimismo, para que nuestras neuronas puedan funcionar correctamente, necesitan reunir una sustancia de naturaleza grasa llamada mielina, la cual se va depositando a modo de cobertura que las protege. La presencia en nuestro cerebro de este tipo de sustancia es propiciada por el consumo de grasas buenas, como pueden ser los ácidos grasos omega 3 y 6. Estos los encontramos en algunos tipos de pescado como el salmón, en el aguacate y algunas semillas, entre otros.

**Una adecuada nutrición también
alimenta nuestro cerebro.**

SOBRECRECIMIENTO BACTERIANO

Al hilo del apartado anterior, es importante dedicar un espacio a la conexión intestino-cerebro y el sobrecrecimiento bacteriano, pues es una de las áreas más fascinantes y cada vez más exploradas de la neurociencia. Aunque por supuesto, aún queda mucho camino por andar para conocer en profundidad cómo la flora intestinal impacta sobre nuestra salud mental.

En el capítulo 3 nos hemos referido al intestino como nuestro segundo cerebro, ya que solamente esta parte de nuestro sistema digestivo, no su totalidad, está constituido por más de 100 millones de neuronas que recubren sus paredes. Debemos recordar que la información se envía principalmente del intestino al cerebro a través del nervio vago. Esta superautopista bidireccional ofrece una ruta de transporte vital para los neurotransmisores, tales como la serotonina. Veíamos anteriormente también que, alrededor del 95 % de la serotonina, responsable de la regulación del estado de ánimo y de las emociones, se produce en el intestino. No es descabellado pensar que intestinos sanos, cerebros sanos.

Asegurar que esta comunicación sea efectiva es asegurar que las relaciones entre el nervio vago, el intestino y el cerebro sean saludables y adecuadas. Esta relación saludable se consigue mediante un chequeo constante; es como si enviaras con frecuencia un mensaje de «todo marcha bien» a tu mejor amigo durante una primera cita.

El nervio vago, el intestino y el cerebro son compañeros de carretera y deben viajar juntos. Cualquier alteración en algunos de ellos supone una alteración en los otros. Esto naturalmente complica la ecuación. Hace algunos años era inimaginable pensar que una alteración de nuestro intestino —provocada quizás por una mala alimentación— podía sabotear nuestro estado de ánimo.

Esta comunicación tan directa y sincera entre ellos es la causante del ejemplo de tener mariposas en el estómago. Si nuestro cerebro se siente excitado o nervioso, se va a encargar de hacer circular esa información a través del nervio vago para que se entere nuestro intestino. Aquí, nuestras tripas reflejarán también ese estado. Y también ocurre en el sentido contrario. Si alguna vez has experimentado los efectos de una intoxicación sabrás que, además de sufrirlo tu intestino, también lo sufre tu cerebro con dolor de cabeza e incapacidad para concentrarse, entre otros.

Desde un punto de vista biológico, nuestro ecosistema intestinal —es decir, todas las poblaciones de células que habitan en él (digestivas, inflamatorias, bacterias buenas, bacterias malas, microbios, hongos y virus)— es llamado microbioma. La convivencia de todas esas poblaciones es crucial para nuestra salud, pero no es precisamente una tarea fácil. Un pequeño cambio en alguna de ellas altera el equilibrio de todo el ecosistema. El equilibrio de todas esas poblaciones de células es lo que te ayuda a digerir los alimentos, te protege frente a cualquier patógeno y regula tu sistema de defensa. Recuerda que en tu intestino habita tu principal batallón.

El equilibrio entre todos ellos está sujeto a tu alimentación. Caprichoso, ¿verdad? Ahora que lo sabemos no es algo banal pensar que siempre vamos a hacer bien la digestión. Por ejemplo, una dieta rica en alimentos procesados y azúcares va a alterar de manera indiscutible tu flora intestinal y favorecer la proliferación de bacterias poco saludables, como la E. coli. La composición de nuestro microbioma intestinal también puede verse afectada por otros factores tales como el estrés, la contaminación y los antibióticos.

MANTENER EL EQUILIBRIO DE NUESTRO INTESTINO

Cuando la balanza de nuestro microbioma intestinal se inclina hacia las bacterias malas, hablamos de sobreproducción bacteriana. Quizás a partir de ahora comiences a estar más familiarizado con este nuevo concepto y algunas pruebas cada vez más frecuentes en los centros hospitalarios, como es el caso de la prueba SIBO, que ha irrumpido con fuerza en los últimos años dada la preocupación emergente por conocer el estado de salud intestinal de la persona, sus niveles de sobrecrecimiento bacteriano y su posible relación con el cerebro.

Un exceso de bacterias malas en tu intestino genera daño celular en el resto de células, las cuales pueden llegar a ver alteradas sus funciones, además de dañar el nervio vago. Este crecimiento excesivo de bacterias malas interrumpe la comunicación entre el intestino y el cerebro, conduciendo a problemas crónicos en el estado de ánimo de la persona (por falta de serotonina que no puede ser enviada al cerebro) y otros derivados del fallo en el eje cerebro-intestino.

Una mala alimentación interrumpe la comunicación intestino-cerebro, lo que conduce a alteraciones del estado de ánimo.

RESPIRACIÓN INADECUADA

Un gran porcentaje de personas que sufren ansiedad presentan un patrón de respiración inadecuado. Esto significa que respiran demasiado deprisa, de manera muy superficial y a menudo centrado en el pecho, sin implicar el diafragma (el inicio de nuestro abdomen). Este tipo de respiración mantiene nuestro sistema nervioso simpático activado todo el tiempo.

Una respiración inadecuada nos hace estar en situación de alerta constante.

A lo largo de la segunda parte del libro, veremos cómo la respiración es un recurso regulador esencial para disminuir la excitabilidad de nuestro sistema nervioso y relajarnos. Se recomienda que esta respiración sea nasal y abdominal, es decir, con implicación del diafragma, que es ese músculo delgado que separa nuestro tórax del abdomen.

Pensar en una respiración abdominal es pensar en cómo respiran los bebés. Seguramente habrás visto a algún bebé respirar. Estos expanden y contraen de manera generosa su vientre durante los movimientos de inhalación y exhalación. Esta es la respiración natural con la que nacemos todas las personas, habilidad que muchos perdemos durante nuestra etapa adulta, seguramente por falta de conocimiento y exceso de prisas. También hay otros factores como ansiedad, traumatismos, estrés crónico o enfermedades respiratorias que pueden deteriorar nuestro patrón respiratorio normal.

Sea cual sea la causa, la instauración de patrones respiratorios inadecuados a lo largo de la vida hace que el nervio que controla el diafragma (el nervio frénico) normalice esos nuevos patrones y «olvide» la forma de respirar correcta. En otras palabras, en lugar de respirar con el diafragma (respiración abdominal), respiramos con el pecho (respiración torácica).

Con los años pasamos de una respiración abdominal a una respiración torácica (pecho).

Cuando no existe respiración abdominal, nuestros pulmones no realizan el ejercicio de llenado y vaciado de aire tan efectivamente. Esto, además de deteriorar su función para la cual han sido diseñados y reducir su potencial, impide que los pulmones no se expandan completamente. La expansión de los pulmones activa el nervio vago, y a menor expansión de los primeros, menor señalización del nervio vago. Esto repercute directamente en el tono vagal de la persona, provocando que su sistema nervioso sea menos flexible y resistente.

Asimismo, como veremos en el apartado dedicado a la respiración de manera específica (capítulo 14), la principal función de nuestra respiración es asegurar la mayor entrada de oxígeno a nuestro organismo para su buen funcionamiento en general. Todas nuestras células necesitan oxígeno para realizar sus funciones vitales. Si no aprovechamos todo el potencial de nuestra respiración para el llenado óptimo de nuestros pulmones, no estamos garantizando un óptimo funcionamiento general de nuestro organismo.

LA FALTA DE SUEÑO

La calidad y cantidad de nuestro sueño también influye en nuestra salud cognitiva. Desde un punto de vista neurocientífico, dormir menos de entre siete y ocho horas diarias repercute en las diferentes funciones de nuestro cerebro —esto es explicado con detalle en un apartado del capítulo 14—. Aquí hablaré del proceso de detoxificación de nuestro cerebro, tan necesario para eliminar toxinas como el que desempeña nuestro hígado o riñones. Este proceso cerebral ocurre solo mientras dormimos, y de no llevarse a cabo de manera efectiva, la acumulación de productos de desecho en nuestro cerebro puede conducir al desarrollo de ciertas enfermedades con deterioro neural.

El deterioro neural implica cambios en la anatomía de nuestro cerebro y, con ello, alteraciones de sus diferentes funciones. La falta de sueño puede provocar dificultad para atender (atención), comunicar de forma fluida (lenguaje), tomar decisiones (funciones ejecutivas), recordar un evento (memoria) o regular la excitabilidad ante una situación (emociones), entre otros.

Por otra banda, es importante saber que los procesos de consolidación de la memoria tienen lugar de noche. Para que las experiencias vividas a lo largo del día puedan registrarse como una memoria consciente, es necesario su afianzamiento durante el sueño.

PARTE 2

10
EL PODER DE LA AUTOMATIZACIÓN DEL CEREBRO PARA CREAR HÁBITOS

Todo cuanto hacemos en nuestro día a día está gobernado por nuestro cerebro. Desde levantar la taza de café, conducir, educar, entrenar o escribir un informe. Cualquier acción requiere de un concepto básico: la sinapsis. La sinapsis es la comunicación entre neuronas que se manifiesta a modo de chispa. Con tus acciones, enciendes chispas en tu cerebro. Encender la misma chispa en tu cerebro varias veces crea el hábito. Para tu cerebro, el hábito ya no requiere esfuerzo. De repente, un día ya no te cuesta trabajo realizar esa tarea.

Cuando descubrí el potencial que tenemos para crear nuestros propios hábitos a base de repetir acciones, supe que desempeñábamos un importante papel sobre nuestras propias vidas. Nuestro cerebro aprende por repetición, lo que significa que debemos exponer al mismo varias veces a ese mismo aprendizaje. Esta es la esencia de adquisición de cualquier hábito que, por muy lejano y complicado que nos parezca, finalmente a partir de una reiterada práctica, nuestro cerebro lo acaba registrando y se adapta gracias a su flexibilidad. Esa es la esencia de la neuroplasticidad.

Esto justifica que personas que llevan más de una década sin estudiar retomen sus estudios con un nuevo máster o curso de posgrado, por ejemplo. Al principio, pensarán que han perdido esa habilidad, pero a base de repetición y esfuerzo el cerebro crea nuevas conexiones neuronales —o las vuelve a activar, si ya estaban creadas anteriormente— para ese nuevo aprendizaje, de tal forma que esta olvidada actividad se convierta en algo más liviano.

CREACIÓN DE NUEVAS CONEXIONES NEURONALES

Desde un punto de vista neurocientífico, la automatización de un aprendizaje para nuestro cerebro —y con ello la adquisición de un nuevo hábito— se representa a modo de la creación de un nuevo circuito neuronal.

Los circuitos neuronales son conexiones entre las distintas neuronas que van a comunicar regiones del cerebro especializadas en diferentes funciones. Puede que un nuevo aprendizaje implique una pequeña dosis de emoción, atención y movimiento. Por ejemplo, volver a tocar el piano a los setenta años. Seguramente esa persona, ahora jubilada y con mayor tiempo disponible, recupere la motivación y entusiasmo que le generaba tocar el piano cuando era más joven. Seguramente las áreas responsables de las emociones de su cerebro establezcan conexión con las de la atención, haciendo que esta persona dedique mayor esmero a esta práctica lo cual, posiblemente, hará activar algunas regiones responsables del movimiento. Estas últimas serán las encargadas, de manera inequívoca, de la destreza de sus manos al piano.

Si esta persona abandona la práctica, seguramente esa conexión (circuito neuronal) creada entre la emoción-atención-movimiento se convierta en una conexión lábil. Si, por el contrario, practica con regularidad, esa conexión será fuerte hasta el punto de que se registrará en su cerebro de forma indeleble, creando un nuevo circuito neuronal.

Un circuito neuronal es la conexión entre diferentes neuronas que comunican regiones distintas del cerebro y son responsables de funciones también diferentes.

Este fenómeno de creación de nuevos circuitos neuronales me gusta ilustrarlo a través de la metáfora de la pesada máquina de arar empleada en el campo. Cuando el agricultor pasa una sola vez la máquina, es probable que el surco que deje sea poco profundo. Sin embargo, en razón de pasar varias veces de forma reiterada, el surco adquiere mayor profundidad.

Experimentar en varias ocasiones un mismo aprendizaje permite crear un surco (conexión) profundo en nuestro cerebro. Esta es el fundamento del aprendizaje, y justifica que ciertas enseñanzas que adquirimos cuando somos pequeños, como es la tabla de multiplicar, nunca lleguemos a olvidarlas.

El desafío de Elena frente al idioma

Siempre supe que hablar inglés de forma fluida era impres-cindible para estar conectado en un mundo cada vez más globalizado. Sin embargo, y a pesar de todos los esfuerzos realizados a lo largo de mi vida académica, la comprensión del inglés hablado seguía siendo un gran desafío para mí. Seguramente por falta de uso en mi vida personal y laboral, mi cerebro no se había expuesto regularmente al mismo y, por tanto, no existía ese registro creado en mi cerebro.

En 2023, mi familia y yo decidimos trasladarnos un año al extranjero por motivos profesionales. Era la primera vez que mi vida transcurría en inglés durante veinticuatro horas en el día, siete días a la semana.

Los inicios fueron difíciles. De hecho, como buena cien-tífica, me comparaba «experimentalmente» con mi hija de cinco años y analizaba los avances en la adquisición y mejora del idioma. Ella, dada su temprana edad, tenía una evolución significativa en la adquisición del nuevo idioma, pues el cere-bro en edades infantiles es sorprendentemente plástico.

Sin embargo, mi caso era bien diferente. Había omi-tido este aprendizaje para mi cerebro durante largos años y ahora debía esforzarme para crear o activar esos nuevos circuitos neuronales en mi cabeza con la nueva etiqueta de «idioma». Fue un proceso largo, debía exponerme una y otra vez a conversaciones, acentos y fonética diversos hasta que llegara un momento en el que, casi sin prestar atención, mi cerebro empezara a entender el inglés hablado en un amplio rango de colores vocales. Y efectivamente aquello tuvo lugar. Transcurridos seis meses, y a base de repetición y exposición, se habían creado, al fin, mis nuevas conexiones neuronales para la lengua inglesa.

Los ejemplos de automatización en nuestro cerebro son numerosos y, si llegamos a comprender su potencial, podemos crear infinitos hábitos saludables en nuestras vidas que nos dirijan hacia un mayor bienestar.

La automatización cerebral es la creación de un nuevo circuito neuronal asociado a un nuevo aprendizaje adquirido a base de repetición.

Si no tenía la costumbre de tomar kiwis para ayudar en mi tránsito intestinal, creé el hábito de comer uno por día y convencer a mi cerebro de que su acidez también es de mi agrado. Si no tenía la costumbre de levantarme a las seis de la mañana, a base de experimentarlo por necesidad, después de una semana, ya lo había interiorizado. Anteriormente, cuando vivía en España, ya consideraba que madrugaba, pero ahora concebía las mañanas con múltiples ventajas de aprovechamiento personal, antes de incorporarme a mi jornada laboral. Entre otras, esta costumbre me permitió escribir este libro. Si no tenía la capacidad de centrar mi atención en mis primeros intentos de meditar, tras repetirlo de manera constante cada día, mi cerebro ya se había amoldado a esta nueva práctica.

Cuando no veía la posibilidad de reducir mis dosis de café diaria a una sola taza, descubrí que podía pasarme al té verde y convencer a mi cerebro de que era una válida alternativa, con además altas propiedades antioxidantes. Comprendía, por tanto, un sinfín de posibilidades que implementar de mejoras para mí y mi autocuidado las cuales, con ahínco y fuerza de voluntad, podrían mejorar significativamente mi calidad de vida.

NUESTRO CEREBRO SIEMPRE OPTA POR LO CONOCIDO

Desde un punto de vista neurocientífico, cuando creas una rutina y hábito para tu cerebro, pasa a convertirse en una práctica inconsciente. Este fenómeno, en el área de creación de hábitos, resulta una herramienta muy útil pues nos ayudará a vivir más ligeros. Recordemos que la ruta de aprendizaje por defecto de nuestro cerebro es la reiteración. Saber esto nos otorga un conocimiento muy valioso para dirigir dicha repetición hacia la creación de un hábito saludable, hacia el derribo de otro menos saludable.

Por supuesto, nuestro cerebro se encuentra cómodo en aquello que ya conoce —es decir, repitiendo aquellos patrones ya existentes—. De hecho, cuando se le presenta una práctica nueva, su respuesta va a ser siempre la de evitarlo para mantenerse en un estado energético eficiente para él. Lo cual enlaza con un par de ideas.

La primera es que si el nuevo hábito al que sometemos a nuestro cerebro (por ejemplo, alimentarnos más saludablemente) no nos provoca de inmediato un efecto de satisfacción o placer —es decir, la liberación de determinadas moléculas (neurotransmisores) por parte de nuestras neuronas—, es lógico que nuestro cerebro no quiera repetirlo. Debemos entrenar la fuerza de voluntad.

Vuelvo a un ejemplo anterior y añado uno nuevo. Comer kiwis de forma diaria no es placentero (salvo que seas una persona muy aficionada a los registros ácidos). Tampoco lo es la primera vez que te apuntas a un gimnasio siendo una persona que ha sido sedentaria durante mucho tiempo y con baja afición al deporte. En los inicios, tu cerebro activará regiones ligadas a las emociones negativas (apatía, rechazo, desagrado, etc.). Aquí conviene trabajar la motivación y el incentivo a largo plazo (pensar en la mejora de salud, el mejor autoconcepto, la mejor forma física, en que mejora de la percepción por parte de otros...). Solo así lograremos adherirnos a la nueva práctica, aunque en los inicios no sea gratificante.

La creación de un nuevo hábito no tiene por qué provocar satisfacción en los inicios. Es necesario entrenar la fuerza de voluntad para repetirlo varias veces hasta crear ese nuevo circuito en nuestro cerebro.

La segunda idea que trasciende de este fenómeno de repetición es identificar el sistema de recompensa y aversión a la pérdida de nuestro cerebro o, en otras palabras, el *sistema de beneficio-riesgo*. Este sistema, por mucho que pueda intimidarnos su nombre, es el responsable de valorar los beneficios o riesgos de todo cuanto hacemos y, por tanto, nos permite tomar decisiones.

La medición de beneficios y riesgos es completamente subjetiva y dependerá de la persona, sexo y edad. Por ejemplo, los hombres tienden a asumir más riesgos que las mujeres, pues este sistema está más inclinado hacia buscar la recompensa que no el miedo a perder (aversión a la pérdida), lo que provoca grandes cascadas de una molécula llamada testosterona que moviliza músculos, entre otros, y con ello, pasar a la acción.

Cuando identificamos la necesidad de incorporar un nuevo hábito, nuestro cerebro automáticamente pondrá en marcha este sistema y valorará los beneficios en contraposición con los riesgos. Aunque como he comentado anteriormente, existen diferencias determinadas por la edad y el sexo de la persona. Por defecto, nuestro cerebro está diseñado para ver antes el riesgo que el beneficio —de hecho, el riesgo es considerado siempre dos veces superior a cualquier beneficio o ganancia—. Esto es una característica de nuestro cerebro que ha sido moldeada a lo largo de la evolución como especie. El ser humano ha debido adaptar sistemas en el cerebro para mantenerse alerta e identificar de manera ágil el riesgo (por ejemplo, evitar ser depredado) con el fin exclusivo de sobrevivir. Esto justifica que nuestro cerebro esté más diseñado para identificar el riesgo antes que el beneficio y mida este primero con una mayor potencia. Esto, naturalmente, jugará siempre en nuestra contra a la hora de incorporar un nuevo hábito.

Nuestro cerebro está diseñado para ver antes el riesgo que el beneficio, lo negativo que lo positivo.

Cuando descubrí este fenómeno comencé a comprender muchas cosas. En mi intento de ir incorporando nuevos hábitos saludables, muchas de las nuevas prácticas a repetir para que mi cerebro lo terminara de incorporar de forma inconsciente resultaban costosas. Al mismo tiempo, mi cerebro trataba de alejarme de ellas porque le estaba exigiendo un sobreesfuerzo cuando él ya estaba cómodo repitiendo lo bueno conocido. Me mostraba a diario el riesgo (coste en tiempo, pensamiento, organización, etc.) por encima del beneficio que podría lograr en un medio plazo. Naturalmente, con el conocimiento adecuado de lo que estaba sucediendo en mi cerebro, nada iba a desviarme de mi camino. Finalmente, le gané la batalla a mi cerebro y, hoy por hoy, ya se encuentra de nuevo cómodo practicando los nuevos hábitos. Por supuesto, esto también puedes lograrlo tú.

AUTOMATIZACIÓN Y ATENCIÓN: EL RECURSO MÁS PRECIADO DE NUESTRO CEREBRO

La automatización en el cerebro significa que tareas en las cuales inicialmente estás invirtiendo recursos de tu cerebro de manera consciente, llega un momento que, tras repetirlas de forma constante, se interiorizan y pasan a ser acciones inconscientes.

El recurso fundamental movilizado y secuestrado en nuestro cerebro cuando nos estamos enfrentando a un nuevo aprendizaje es la atención. Esta es una función como cualquiera de las otras de nuestro cerebro (emociones, lenguaje, capacidad auditiva, visual, movimiento, memoria y funciones ejecutivas). Sin embargo, la atención es la función «faro» que permite la armonía del resto de funciones y garantiza un adecuado funcionamiento de nuestro cerebro. Tener ampliamente secuestrada la atención dificulta la expansión de nuestro cerebro, reduciendo su carácter moldeable y flexible.

Hay aprendizajes que deben ser automatizados para poder liberar atención y destinarla a otras acciones más exigentes.

Como ya he mencionado anteriormente, nuestra vida discurre entre multitud de estímulos sensoriales de los cuales, solo una baja fracción, será convertido en una respuesta motora, pensamiento o emoción.

El desafío al que nos enfrentamos actualmente con la sobreexposición de estímulos sensoriales, sobre todo digitales, obliga a trabajar en exceso a nuestro cerebro para atender ese estímulo (atención selectiva), filtrarlo y decidir si es relevante o no para su conversión en una respuesta. Esto literalmente tiene secuestrada nuestra atención todo el tiempo y, del mismo modo, hace que nuestros cerebros estén exhaustos casi siempre. Esto conduce al estado de hiperexcitación de nuestro sistema nervioso de la teoría polivagal (ver capítulo 4), el cual mantenido en el tiempo altera nuestras funciones fisiológicas, deteriora nuestra salud y nos limita la atención, clave para poder tomar medidas para revertir la situación.

Aunque pueda parecer un concepto blando, cultivar la atención no solo nos va a aportar beneficios a nivel mental, sino también corporal y, en definitiva, de mejora integral de nuestra salud.

A diario me veo en la tesitura de explicar la relación entre esta función cognitiva (atención) y los procesos de inflamación corporal o de la mente, entre otros. Partiendo de la premisa de la estrecha relación cerebro-cuerpo, cultivar la atención y liberarla de su secuestro en determinados contextos que ya han sido descritos anteriormente nos permite, por un lado, discernir lo importante de lo irrelevante y, de otro lado, trabajar la eficiencia de nuestro cerebro para afinar sus respuestas. Es decir, seremos más perceptivos (emociones), más lógicos (pensamientos) y más conscientes a nivel corporal (movimientos).

Tener secuestrada la atención repercute en nuestra salud cognitiva y corporal. Nos hace ser menos perceptivos, menos lógicos y menos conscientes con nuestras sensaciones corporales.

En el capítulo 13 veremos cómo trabajar la conciencia corporal, pues ya sabemos que el nervio vago es esa gran autovía que lleva información de todos los órganos y sistemas viscerales a nuestro cerebro y viceversa. No sería de extrañar que pensemos que, si logramos aumentar nuestra conciencia corporal, logremos anticipar o intervenir en determinadas respuestas de nuestro cuerpo, sobre todo cuando existe inflamación.

LA AUTOMATIZACIÓN NO ENTIENDE DE EDAD

Hablar de automatización y pensar en hábitos parece algo más atribuido a adultos. Sin embargo, los niños deben trabajar la automatización ya desde edades tempranas para poder ir afianzando determinadas conductas básicas.

A mis alumnos siempre les pongo el ejemplo de un niño que aprende a atarse los cordones o a leer. En los inicios cualquiera de esas actividades le requerirá altas dosis de atención, pero llegará un momento que, a base de reiteración, ese nuevo aprendizaje se habrá integrado en su cerebro de manera inconsciente. Seguramente, en esas primeras fases mientras el niño se concentra al atarse los cordones, con su atención focalizada ahí de tal forma que no sea capaz de repararse en cualquier otra instrucción que se le pueda dar en ese momento. Lo mismo pasa con el ejemplo de aprender a leer. En las fases iniciales, será difícil que, mientras accede a su almacén léxico para entender la nueva letra, sílaba o vocablo que debe leer, pueda recordar lo leído anteriormente. Atención y memoria se encuentran en regiones diferentes del cerebro.

Un ejemplo en el adulto es el de aprender a conducir. Inicialmente, la maniobra de embragar y meter la marcha es costosa. Esto implica que las regiones de nuestro cerebro que se encargan de la atención no pueden trabajar en esos momentos en prestar atención a otros asuntos que revisten mayor peligro. En el caso de la conducción, un ejemplo sería estar pendientes del tráfico, las intersecciones o el tránsito de peatones cruzando en un paso de cebra.

Es por esta razón por la que funciones tan básicas como atarse los cordones, leer o conducir deben ser adquiridas de manera inconsciente para dejar recursos disponibles en nuestro cerebro, con el fin de que este se centre en funciones más exigentes y que requieren un nivel de atención mayor o, simplemente, se dan de manera puntual y, para entonces, debemos estar preparados.

Sin embargo, a pesar de la importancia de esto, la falta de automatización y el agotamiento del cerebro son aspectos que observo con frecuencia. Esto explica ciertos comportamientos que se observan en los niños. No hablaré de neuroeducación en este libro, pues no es el objetivo, pero sí afirmaré rotundamente que fallos o falta de automatización de aprendizajes en el cerebro son la principal razón de muchos de los trastornos que se observan en el ámbito de la educación y del neurodesarrollo en los niños. Sus cerebros no han adquirido determinados aprendizajes por falta de reiterada práctica o exposición a estos, exigiéndoles esfuerzos titánicos más adelante para los cuales no están preparados pues falta de una base afianzada. No exijas a tu hijo que despunte en los deportes y sea el más coordinado si previamente no desarrolló conductas motoras más básicas como las de comer solo, vestirse con autonomía o simplemente jugar a subir-bajar en un parque infantil a una determinada edad, entre muchos otros ejemplos.

El mal diagnóstico de la atención de Tomé

Tomé era un niño de 15 años cuyos padres acudieron a mí con cierto nivel de agotamiento mental tras múltiples consultas a médicos y otros especialistas sanitarios para tratar un posible caso de trastorno por déficit de atención (TDA) sin hiperactividad.

Después de muchas valoraciones clínicas y un diagnóstico supuestamente concluyente de TDA, Tomé estuvo medicado durante cierto tiempo.

La farmacología es clave en numerosos tratamientos. Sin embargo, cuando hablamos de trastornos del aprendizaje o del neurodesarrollo, todos los especialistas en salud debemos hacer un esfuerzo en comprender qué puede estar pasando en el cerebro de los niños y adolescentes. Los neurocientíficos podemos aportar mucho aquí.

A Tomé comenzaba a afectarle la medicación en otras parcelas de su quehacer diario, y sus padres estaban preocupados. En su caso específico, su cerebro mostraba signos de agotamiento: estaba exhausto. En su casa, aunque sus padres medían y controlaba el uso que hacía de las tecnologías, era tal la sobreexposición a notificaciones, alarmas, interrupciones de su atención y, por supuesto, el acceso a redes sociales y, con ello, el consumo masivo de información, que su atención se había disgregado. Su cerebro trabajaba muy rápido para canalizar y etiquetar toda esa información. Pocos recursos atencionales quedaban disponibles para enfrentar las tareas importantes que se esperaban de Tomé, fundamentalmente las relacionadas con el estudio y su rendimiento académico.

Su mejora vino directamente con la reducción de la tecnología en su casa (menos dispositivos que informasen de notificaciones constantes y robasen los momentos de atención) y el reemplazo de los momentos teóricamente denominados de descanso por momentos de descanso real. Con esto me refiero a que, para gran parte de la población, entre los que se incluía Tomé, los momentos de descanso están basados en la hiperconexión a lo digital. Había perdido el hábito (o quizás nunca lo adquirió) de no hacer nada en esos momentos, de poder estar relajado de forma contemplativa, entretenerse con alguna otra afición manual que no requiriese esfuerzo mental —el deporte por ejemplo— o simplemente escuchar música.

La educación en nuevos hábitos, como fue su incorporación a un club deportivo, con retos y objetivos en competir (se trabaja aquí el circuito beneficio-riesgo visto anteriormente), resultó clave para eliminar distractores digitales y trabajar la recompensa y motivación frente a otras acciones, recuperando así su atención.

11
ABANDONA EL PILOTO AUTOMÁTICO Y TRABAJA LA ATENCIÓN PLENA

Cuando la conciencia está presente, tu vida empieza a estar capitaneada por la atención. Entonces, comienzas a disfrutar de todo cuanto te llega. Surge el agradecimiento y el éxito de los buenos resultados.

En cada milésima de segundo, los millones de células nerviosas de nuestro cerebro reaccionan a la sobreinformación que recibimos de nuestro entorno exterior, así como de nuestro propio entorno interior. Esta información es procesada e interpretada por nuestro cerebro, que actúa como un gran equipo informático. Algunas regiones cerebrales, como por ejemplo el tálamo, están especializadas en filtrar dicha información y decidir qué es relevante y qué no para convertirlo en una información consciente y, por ende, en un aprendizaje.

Esto que *a priori* parece sencillo es una tediosa labor que se acrecienta aún más en la actualidad. Recordemos los famosos estresores o pequeñas dosis de estrés, tales como notificaciones de un Apple Watch o el aviso de un nuevo email en el móvil. Además de convertirse en auténticos ladrones de tu tiempo, pues interrumpen tu capacidad de atención (la cual, de media, tarda en recuperarse del orden de cuatro a seis minutos), exponen tu cerebro y tu cuerpo a nueva información sobre la cual tu cerebro deberá afinar su proceso de selección.

Ir por la vida en piloto automático —es decir, sin prestar atención— nos aleja de la base el autocuidado.

Cuando estos mecanismos se disparan de forma constante y continuados en el tiempo nos encontramos con situaciones de estrés social mantenidos y que, muy probablemente, nos conduzcan a la inflamación. La pérdida de control de nuestra atención —a mi juicio considerado como la herramienta más valiosa para influir de manera positiva sobre nuestra salud—, altera parámetros en nuestro organismo, agota recursos fisiológicos limitados y, en definitiva, nos hace deambular por la vida en un estado lo más parecido posible al de ir en piloto automático.

Cuando esto sucede, se apodera de nosotros la llamada niebla mental: perdemos foco y se desactivan nuestras funciones superiores (funciones ejecutivas), las cuales son responsables de ponernos metas, objetivos, planificar nuestras acciones, autorregularnos y, en definitiva, actuar con suficiente autonomía y plena consciencia. Perder esto último nos acerca a perder nuestra capacidad de autocuidado.

El letargo de Diego

Recuerdo a Diego, un empleado fiel y entregado a su trabajo en una empresa multinacional, con solera a sus espaldas y amplias proyecciones. Había crecido en un entorno familiar en el que se avivaba la idea de que trabajar en una multinacional o, por el contrario, ser funcionario, eran las dos fórmulas para garantizar el éxito y prosperidad profesional.

Sin embargo, la sombra de la inestabilidad en la empresa acompañaba a todos sus empleados —en especial a Diego— desde hacía algo más de un año. Junto a esa sombra, iban de la mano grandes dosis de estrés e inflamación de bajo grado, las cuales ganaban posiciones internamente en su cuerpo poco a poco. Naturalmente, Diego esto no lo sabía.

En el último año, su humor había cambiado. Prácticamente no le apetecía hacer planes, salir de casa, sus pautas de comida se habían alterado acechando a alimentos menos sanos (ultraprocesados) una vez llegaba a casa tras la jornada laboral y lamentando constantemente el denso tráfico que le obligaba a estar cerca de una hora encerrado en el habitáculo de su coche.

La posible inflamación en el cuerpo de Diego seguramente iba alcanzando posiciones en su cerebro, responsable de esos cambios de humor y, sobre todo, responsable de la niebla mental que se iba apoderando cada vez más de él. Diego parecía no ver ni pensar con claridad, lo cual no contribuía a analizar su situación y establecer metas a medio-largo plazo para escapar de ese círculo vicioso.

Fue inevitable entrar en un bucle de retroalimentación. Durante meses vivió en modo automático, sin cuestionar nada, aguerrido por la situación y con alta irritabilidad.

Mi trabajo con Diego fue hacerle recobrar la fuerza de voluntad, propiciar situaciones que activaran las regiones del cerebro responsables de sus funciones ejecutivas para volver a establecerse metas y liberarse de esa falta de claridad mental que le hacía actuar en modo automático.

Hoy Diego es una persona diferente. Bueno, más bien vuelve a ser la persona que era antes de ese largo letargo.

Siempre he huido de las palabras algo etéreas y manidas. Soy científica, y como tal me gusta afirmar todo aquello que puedo demostrar empíricamente y con hechos. Por esta razón, algunos términos como autocuidado u holístico me han parecido grandes cajones de sastre y presas del oportunismo. En relación con la segunda y en mi propósito de no incorporarlo a mi jerga habitual, encontré un par de sustitutivos muy adecuado: integral o integrativo. Todo lo que tiene que ver con salud integrativa hace referencia, de un lado, a lo multidisciplinar y, con ello, la capacidad de interconectar las diferentes ciencias que explican los procesos que acontecen en el organismo. En este sentido, la biología, medicina, química, bioquímica, entre otras disciplinas, se dan la mano y cooperan para un mismo fin. De otro lado, salud integrativa me permite reforzar la idea anterior de que cerebro y cuerpo están estrechamente relacionados.

En cuanto al autocuidado, debo reconocer que en los inicios era una completa detractora de este término. Lo encontraba inespecífico, amplio y objeto del oportunismo de muchas industrias. Sin embargo, hoy por hoy se sabe que, más allá del vasto mercado que se abre a su paso para ofrecer productos de todo tipo que contribuyen en el cuidado individual, el autocuidado hace referencia a la capacidad privilegiada que desarrolla la persona para cuidarse por dentro y, por ende, atender a su salud.

En este campo, han sido muchos años de investigación reflejo del cual es el éxito de la medicina oriental de países considerados como los más longevos a nivel mundial, entre otros, Japón. Esta población, además de muchas otras prácticas saludables relacionadas con la alimentación y la protección frente al envejecimiento solar, son defensores del autocuidado, entendiendo este concepto como la capacidad de control de la atención; o en otras palabras, la capacidad de vivir de modo consciente, alejados de los automatismos y en plenas facultades de comprender que todos los sistemas biológicos que integran el cuerpo y el cerebro están interconectados. Prestar la atención adecuada a los mismos posibilita identificar e intervenir a tiempo en determinados problemas de salud.

Naturalmente, mi finalidad con este libro dista de la afirmación de que con el autocuidado podemos detener una enfermedad neurodegenerativa o un proceso oncológico. Lejos de eso y con plena confianza en la medicina y, en especial, en la farmacología cuando es necesaria y requerida, sí sostengo firmemente que poder intervenir con autocuidado en etapas tempranas en el desarrollo de muchas enfermedades, sobre todo antes de autoproclamarse crónicas, va a darnos una ventaja vital para regular procesos de estrés e inflamación celular, que son el denominador común de muchas de estas enfermedades de gran incidencia en la actualidad.

El autocuidado nos permite intervenir a tiempo y regular procesos de estrés e inflamación celular que son la base de muchas de las nuevas enfermedades.

Volviendo a la idea de vivir la vida de forma automática, sin cuestionar nada y dejando que nuestro día y calendario transcurran simplemente porque sí, en los tiempos que corren, vamos a asumir el riesgo de estar sometidos a fuertes agentes estresores, los cuales nos irán informando de sus devastadores efectos en nuestra salud pero que, de no identificarlos y tener fuerza de voluntad para actuar, nos irán muy probablemente inflamando por dentro.

Menciono la fuerza de voluntad aquí porque, por defecto, nuestro cerebro siempre va a optar por la vía más rápida, más eficiente y que le supone menos energía. Esta es la vía del subconsciente, un evolucionado mecanismo de nuestro cerebro para consumir menos energía y que está basado en repetir patrones que ya han sido adquiridos anteriormente, sin cuestionarlos y creando un bucle de retroalimentación. Su estampa es lo más parecido a una película de zombis.

Nuestro cerebro siempre va a optar por hacer aquello que ya conoce y con lo que se siente cómodo, aunque no sea lo más saludable. Es necesario poner atención y fuerza de voluntad para cambiar la dirección de nuestras acciones.

Cuanto más hacemos algo, menos probable es que lo cuestionemos, más se normaliza en nuestro cerebro. Desde una perspectiva amable, esto tiene grandes ventajas a la hora de construir hábitos. Sin embargo, al mismo tiempo, resulta contraproducente si no identificamos la trampa de nuestro cerebro y vivimos en bucle sin cuestionar si nuestro entorno y sus factores son los más saludables para nosotros.

Por supuesto, dentro de esta idea entran multitud de conceptos en los cuales nos hemos refugiado durante siglos para evitar asumir nuestra responsabilidad frente a la vida y nuestro autocuidado. Algunos de estos los llamamos genética, religión, destino o universo.

A menudo escucho a personas crecer bajo la afirmación severa de que todo lo malo en salud que le acontece es porque ya lo sufrieron sus antepasados. Como si de una especie de maleficio se cerniera sobre ellos. Es cierto que la predisposición genética a sufrir determinadas enfermedades que padecieron nuestros predecesores juega un papel importante. Sin embargo, la influencia de nuestro entorno y estilos de vida (lo que en biología se denomina epigenética) puede ser más importante aún para determinar el cauce, la progresión, ralentización o intensidad de una determinada afección hereditaria. Fundamentalmente, la idea que hay que resaltar aquí es que con el adecuado autocuidado en términos de atención y consciencia hacia lo que hacemos con nuestra mente y nuestro cuerpo, podemos tener un papel muy activo en el curso de nuestra salud. Desde luego su contribución en términos positivos será mucho mayor que de no hacerlo.

El ciclo de Manuela

Una mujer con la que trabajé durante mis consultorías me decía que estaba entrando en un círculo dañino de su estado de ánimo y el de su hogar. No atravesaba un buen momento con su marido con el cual tenía, con cada vez más frecuencia, ciertas desavenencias y puntos de vista muy dispares. Esas diferencias en ocasiones iban acompañadas de momentos más caldeados en la conversación que la hacían enfurecer y cambiar su semblante hacia él. De lo que no se percataba es que también estaba cambiando su semblante hacia sus dos hijos y, en general, hacia el exterior. Su rostro, cada vez menos amable, iba provocando en los demás la mimetización cuando estaban a su lado (sus hijos también adoptaban el mismo semblante) así como cierto rechazo en personas de su círculo más directo fuera del hogar.

Ella no era consciente. Tras varios días de trabajo, logró entender que su rostro provocaba un efecto aún más intenso en el de su marido, lo cual agitaba aún mayores fricciones. El cerebro de Manuela ya se había moldeado para mostrar, de manera automática y con alta predisposición, una expresión amarga. Esto no contribuía con ella misma, ni mucho menos iba a mejorar la situación en casa.

Aprendió que las fricciones, si merecen ser resueltas, deben ser tratadas a tiempo con la conversación adecuada para, de manera inmediata, provocar un cambio en nuestro rostro y romper ese círculo vicioso que se extiende a los demás como si de una epidemia se tratase.

Recuerda que el ser humano se mimetiza con sus iguales y, en ocasiones, necesitamos rodearnos de personas que esbocen sonrisas y suelten grandes carcajadas. Aquí juegan un papel muy importante las neuronas espejo de nuestro cerebro, responsables de imitar comportamientos ajenos como un semblante triste o un bostezo.

Por otro lado, las personas necesitan que les tiendan la mano para que le saquen una sonrisa y las liberen de ese ciclo vicioso como en el que se encontraba Manuela. Esto forma parte del entorno, y como ya veíamos anteriormente, la socialización es clave en el ser humano. Nos ayuda a tomar distancia y reforzar otras redes neuronales que a veces se ven debilitadas en nuestro día a día por el estrés al que estamos sometidos.

NEUROCIENCIA DE LA ATENCIÓN

Tomar las riendas de nuestras vidas y estar en modo consciente implica activar la atención. Sin embargo, esta debe ser entendida como un conjunto de diferentes mecanismos que suceden en nuestro cerebro y que operan de manera coordinada, relacionando diferentes áreas. El objetivo final de estos mecanismos es poder seleccionar los estímulos más relevantes de nuestro entorno midiendo el estado cognitivo y corporal en determinado momento para, así, llevar a cabo la acción o cumplir con los objetivos.

Trabajar la atención implica diversas áreas de nuestro cerebro.

Comprenderás, por tanto, que atender no es solo desviar la mirada hacia lo importante, sino invitar a la colaboración de otras funciones de nuestro cerebro que permitan la comprensión de lo que está pasando, discriminando otros estímulos que en ese instante puedan distraernos para lograr movilizarnos, antes o después, a llevar a cabo una acción específica. Estas acciones pueden ser muy diversas, desde una aprobación a una respuesta empática —«Entiendo por lo que estás pasando»—, a una acción con movimiento como levantarnos de una mesa, cambiar la dirección de nuestro recorrido o, simplemente, rectificar sobre la marcha la manera en que estamos cocinando.

Para que el ejercicio de atención sea efectivo, es importante entrenar esa función como si de un músculo se tratase. Fortalecer la atención a través de técnicas como la meditación, el *mindfulness*, la contemplación o la oración, por ejemplo, nos permite eliminar distractores y seleccionar el estímulo en ese momento más relevante que al final entra en nuestro cerebro como datos a ser procesados de manera profunda. Si dejamos que todos los estímulos, relevantes e irrelevantes, de menor y mayor ruido, entren en nuestra cabeza sin filtro y ningún criterio, estaremos haciendo trabajar en exceso a nuestro cerebro sin garantizar un resultado efectivo de discriminación de qué era realmente lo importante. Cuando esto sucede y lo convertimos en un hábito, comenzamos a transitar por la vida con el piloto automático, siendo esponjas de todo cuanto sucede en nuestro entorno. Esto significa que no tenemos ninguna capacidad de filtrar y atender a lo realmente importante, y se traduce en perder la capacidad de terminar las tareas que nos proponemos pues será fácil que cualquier otro estímulo nos distraiga del objetivo primero, viviendo ahogados en un océano de quehaceres para los cuales nosotros mismos nos hemos ocupado de atribuirles la misma prioridad en nuestra lista (prioridad 1), vivir con la sensación de que no tenemos tiempo para nada y de que no hacemos nada para nosotros. Esto debilita nuestro bienestar mental y físico.

La atención puede entrenarse a través de la meditación, el *mindfulness*, la contemplación u oración.

Vivir en ese estado continuo hace que seas menos perceptivo con lo que pasa en tu entorno y contigo mismo, pierdes conciencia corporal y dejas de atender a las señales de tu cuerpo ante cualquier proceso de desregulación de tu sistema nervioso o inflamación interna. Desde un punto de vista neuropsicológico, podemos encontrar diferentes tipos de atenciones. Algunas nos permiten centrarnos en un estímulo concreto (atención focalizada), otras nos permiten mantener la capacidad de atender durante un tiempo prolongada (atención sostenida), otras eliminar estímulos distractores (atención selectiva), atender de manera alterna a diferentes estímulos (atención alternante) y, finalmente, atender de forma simultánea a múltiples tareas (atención dividida).

Como es lógico pensar, todas y cada una de ellas requieren reforzar la atención en líneas generales e, individualmente, entrenarla de manera específica. Es lógico pensar también que alguna de ellas no llegue a desarrollarlas nunca la persona, pues requiere de una alta capacidad de abstracción.

De lo que estamos seguros es que entrenar la atención, en cualquiera de sus modalidades es esencial para cultivar un buen estado de salud integral. Como comentaba anteriormente, la atención es el resultado de un trabajo colaborativo entre varias áreas de nuestro cerebro; en otras palabras, implica diferentes redes neuronales que van a comunicar diferentes áreas entre sí. Es una de esas funciones esenciales que a mí me gusta llamar función faro, pues realiza un fino trabajo de cooperación cerebral muy exigente.

La atención va más allá de lo cognitivo. También es atención corporal, clave para nuestra salud.

Desde un punto de vista neurobiológico, se conocen tres tipos de redes implicadas. Estas son independientes de otras acciones que ocurren en nuestro cerebro relacionadas con la atención, como es el procesamiento del estímulo (procesamiento sensorial), la toma de decisión posterior y la propia ejecución de la respuesta una vez ha tenido lugar la atención. Estas redes son las siguientes:

- **Red de alerta:** aquella que nos permite captar señales de advertencia y están relacionadas con la vigilancia sostenida en el tiempo.
- **Red de orientación:** la responsable de priorizar unos estímulos sensoriales frente a otro para poder dirigir nuestra atención
- **Red ejecutiva:** nos permite mantener un control atención intensivo que se traduce en análisis de información sensorial de manera constante para su posterior retención en la memoria; es la responsable de la gestión eficaz de la información.

La red de la atención plena permite eliminar el ruido de nuestra cabeza.

Desde hace algún tiempo, se viene hablando cada vez más de la red de la atención plena. Esta, que tiene mucho que ver con la red de orientación, nos permite priorizar y discriminar la información sensorial o estímulo que para nosotros es importante en determinada situación o momento, desplazando el resto de las entradas sensoriales que llegan a nuestro cerebro. Es decir, eliminamos el ruido en nuestra cabeza, siendo capaces de centrar nuestra atención en algo concreto sin atender a ningún otro pensamiento circundante.

ACTIVIDAD DE RUMIACIÓN DE NUESTRO CEREBRO: RED NEURONAL POR DEFECTO

La red neuronal por defecto forma parte de nuestro cerebro desde tiempos ancestrales. Es la responsable de la actividad de rumiación de nuestro cerebro, es decir, de ese ruido de fondo que no nos abandona y mastica constantemente pensamientos negativos, poco constructivos o simplemente hechos y acciones que ya han tenido lugar.

Este sistema de pensamientos intrusivos, repetitivos y poco edificantes es antagonista de la red de la atención plena que veíamos anteriormente. Es decir, cuando uno está activado, el otro está desactivado y viceversa.

La red de la atención plena y la red neuronal por defecto forman un circuito ON/OFF. Cuando una está encendida, la otra está apagada y viceversa.

Para combatir la irrupción de estos pensamientos en nuestra cabeza debemos fortalecer nuestra atención, fundamentalmente la focalizada y la selectiva, poniendo el foco en un pensamiento u acción positivo, lo que permita desplazar el resto de los pensamientos de carácter negativo.

Para ello, haciendo referencia a reflexiones anteriores, técnicas como la meditación o el *mindfulness* ayudan a fortalecer los circuitos de la atención y preparar al cerebro para lograr una mayor disposición para realizar esta función, de tan alto valor para el mismo.

En el siguiente apartado hablaremos de meditación y *mindfulness*, pero antes, hagamos un breve repaso sobre breves recomendaciones que ayudan a acallar temporalmente esta rumiación de pensamientos. Para acallar esta rumiación de pensamiento, en contra de lo recomendable, muchas personas optan por someterse durante largos tiempos al consumo de información de las redes sociales, televisión, internet, videojuegos o entretenimientos similares. Con la irrupción de la digitalización y, sobre todo, la hiperconectividad a un flujo masivo de información, las personas sienten la necesidad de su vasto consumo, sobre todo cuando sus vidas o realidades se han empobrecido considerablemente. Tal es el caso de no poder detener esta actividad de rumiación de nuestros cerebros que puede resultarnos algo perturbadora o incluso lesiva. Sin embargo, estos recursos son únicamente silenciadores temporales, acallan ese ruido cerebral durante el tiempo que dura la interacción con estos, pero después todo vuelve al estado anterior.

> **Internet, las redes sociales o la televisión son silenciadores temporales de la rumiación de pensamientos de nuestro cerebro.**

No debemos olvidar que nuestro cerebro es un ávido consumidor de luz, sonido y movimiento, de tal forma que, cuanto más le ofrezcamos este sutil plato, más nos lo va a demandar, generando cierta adicción y, al mismo tiempo, no resolviendo nuestro problema. Activar la atención y vivir en modo consciente implica trabajo y entrenamiento. También implica engañar a nuestro cerebro, el cual poco ha evolucionado desde sus orígenes. Además, debemos recordar que, en tiempos ya primitivos, la principal finalidad de este era asegurar nuestra supervivencia como especie. Esto justifica que nuestro cerebro esté mejor diseñado para atender a estímulos que implican riesgo y amenaza que lo contrario. En otras palabras, está más preparado para detectar lo negativo antes que lo positivo y esto se refleja en la generación de pensamientos. Es lógico que canalicemos con mayor abundancia pensamientos negativos que positivos. Ya decía Daniel Kanheman que en nuestro cerebro se producen cerca de 60 000 pensamientos diarios y la mayoría son negativos. Aquí tiene mucho que decir la red neuronal por defecto, la más primitiva y la que antes se va a expresar.

Saber esto nos otorga poder. Del mismo modo, saber que en tiempos modernos estamos conviviendo con un cerebro diseñado para contextos primitivos nos ayuda a entender que debemos tomar las riendas, abandonar el piloto automático y accionar ciertas palancas para llevar a nuestro cerebro en una dirección u otra.

Por defecto, nuestro cerebro activará la red de rumiación de pensamientos. La red de la atención plena hay que entrenarla como el que entrena en el gimnasio.

Cuando hablo de engañarlo, me refiero a provocar de manera forzada un pensamiento, ilusión, visualización de carácter positivo hasta lograr que este se enrede en nuestra cabeza desplazando los pensamientos negativos. Trabajar la proyección positiva hacia algo que, si bien no sabemos si podremos alcanzarlo o lograrlo con éxito, ayuda a que nuestro cerebro comience a trabajar en esa nueva dirección. Nuestro cerebro no distingue lo real de lo ficticio de tal forma que, al igual que magnifica pensamientos sobre hechos que nunca van a suceder, también puede magnificar pensamientos que a nosotros nos interese poner de relieve para superar un bache o una crisis, por ejemplo.

Nuestro cerebro no distingue lo real de lo ficticio en un evento futuro. Engañarlo y proyectar en él un pensamiento ficticio positivo puede ayudarnos a que empiece a trabajar en esa dirección.

Volviendo a la red neuronal por defecto, existen recomendaciones que pueden ayudarnos a silenciar, también de forma temporal, esta actividad de rumiación con la diferencia de que son de por sí actividades que reportan otros beneficios.

Por ejemplo, cualquier actividad que implique destreza manual como son las manualidades, pintura, moldear arcilla, cocinar, escribir o el bricolaje, así como las actividades realizadas en la naturaleza o bajo la exposición directa de la luz natural —en el capítulo 14 hablaremos de las bondades de estas dos—.

Asimismo, realizar deporte es una actividad tremendamente efectiva para detener la rumiación. El ejercicio cambia la bioquímica de nuestro cuerpo y con ello algunos procesos fisiológicos como pueden ser la respiración, frecuencia cardiaca o digestión… Cada vez son más los estudios que ponen de manifiesto la mejora en el perfil de numerosos marcadores biológicos, sobre todo inflamatorios, mejorando el estado de inflamación de nuestro cuerpo. Asegurar la práctica de deporte y, con ello, la regulación de nuestros estados de inflamación internos nos hace pensar que también pueda tener numerosos beneficios sobre el funcionamiento de nuestro cerebro, dada la conexión cerebro-cuerpo.

Sin embargo, más allá de las múltiples bondades del ejercicio físico ya descritas anteriormente, practicar deporte, ya sea de manera individual o colectiva, refuerza las redes neuronales de la atención plena. Para poder realizarlo de manera efectiva, se requiere estar concentrado y dirigir la atención hacia cualquiera de los movimientos y acciones necesarios para su práctica y/o competición. Sin lugar a duda, esto fortalece nuestra atención lo que permite desactivar la red neuronal por defecto durante el tiempo que lo practiquemos. Practicarlo con cierta frecuencia hará que nuestras redes de atención plena vayan logrando mayor fuerza y robustez, desplazando esa actividad de rumiación de nuestro cerebro.

MEDITACIÓN Y *MINDFULNESS*

La práctica de *mindfulness* invita a un estado de consciencia como resultado del ejercicio de prestar atención de manera deliberada al momento presente y sin realizar ningún juicio de valor sobre ello. Su fundamento reside en la capacidad de centrar la atención en el momento presente, con una actitud de aceptación frente a las experiencias del momento, sin atender a distracciones del pasado o preo-cupaciones del futuro. Practicar la conciencia plena de manera regular nos permite liberarnos de etiquetas, evi-tando así juzgar el momento presente como bueno o malo.

Lleva asociada de manera intrínseca la práctica de la meditación, a través de la cual se entrena la atención. En función del tipo de esta última, podemos hablar de medi-tación focalizada y meditación receptiva:

- En la meditación focalizada, centramos la atención en un elemento específico, como una imagen o una sensa-ción corporal, eliminando cualquier distracción posible. Un ejemplo es el ejercicio de atención plena dirigida a la respiración. Durante el tiempo que dure la práctica, la persona deberá enfocarse de manera exclusiva en su res-piración, sin atender a ningún otro elemento distractor, como puede ser un pensamiento intrusivo. A través de la reiterada práctica, el individuo será capaz de identificar distracciones o simples desvíos de su atención, volviendo a redirigir la misma hacia su respiración. Este tipo de meditación nos permite fortalecer la atención focalizada, sostenida y selectiva.

- En la meditación receptiva no activamos el foco sobre un elemento concreto, sino que observamos, sin reaccio-nar ni juzgar, cómo nos sentimos, qué pensamos o cómo reaccionamos. Se trata de un estado atencional mucho más amplio e inespecífico que el anterior, mediante el cual recibimos los diferentes estímulos y los observamos para ver cómo nosotros actuamos frente a los mismos.

A través de este tipo de práctica, mejoramos nuestra atención alternante, reforzando nuestra capacidad de cambiar la atención de manera intencionada entre los diferentes estímulos que nos llegan. Esto nos aporta numerosos beneficios para regular nuestra atención y nuestros impulsos.

El *mindfulness* —o conciencia plena— lleva asociada la meditación que permite reforzar la atención cognitiva y también la corporal.

Existen otras escuelas de investigadores que ponen el *mindfulness* en el centro del bienestar corporal. Con el fortalecimiento de la atención, la persona es capaz de incrementar su conciencia corporal, es decir, prestar mayor atención a su respiración, movimientos de su cuerpo o, simplemente, cualquier sensación corporal, claves en el autocuidado (en el capítulo 13 aprenderemos la importancia de realizar determinadas prácticas y movimientos corporales dirigidos a aumentar nuestra conciencia corporal). Vivir en modo consciente es vivir con plenas facultades de atención, no solo desde un punto de vista cognitivo, sino también corporal, para aumentar el conocimiento sobre nuestro propio cuerpo, percibir sensaciones y, con ello, poder intervenir a tiempo. En tiempos de crisis de nuestra salud mental y salud general, la prevención y el autoconocimiento se vuelven indispensables.

EFECTOS DE LA CONCIENCIA PLENA SOBRE LA ATENCIÓN Y REGULACIÓN EMOCIONAL

La práctica de *mindfulness* está siendo investigada desde hace ya algunos años por numerosos autores que resaltan los beneficios de esta sobre la regulación de la atención, memoria y funciones más evolucionadas (funciones ejecutivas), induciendo además cambios en la estructura del cerebro.

Algunos de ellos enfatizan cómo esta técnica refuerza las capacidades atencionales, siendo estas fundamentales para reducir la divagación mental y actividad de rumiación de nuestro cerebro. La mejora del bienestar psicológico de la persona tiene implicaciones directas sobre su salud general, permitiendo estar más centrado, desechar pensamientos negativos y cultivar una actitud positiva fundamental para afrontar, por ejemplo, el curso de una determinada enfermedad o, simplemente, vivir con un estado de conciencia mayor frente al propio autocuidado.

Diferentes estudios han demostrado a lo largo de los años cómo la práctica regular de *mindfulness* puede generar cambios estructurales en regiones del cerebro tales como la corteza cingulada anterior y la ínsula, siendo estas responsables de la red ejecutiva de atención, comentada anteriormente. Dichos cambios estructurales están relacionados con mejoras en la capacidad de mantener y dirigir la atención, así como en la gestión de las respuestas emocionales. Otros estudios han demostrado un aumento significativo de la actividad neuronal en otras regiones —por ejemplo en la corteza cingulada—, asociada con la atención y la regulación emocional.

En resumen, la práctica de la conciencia plena induce cambios estructurales y funcionales en el cerebro que mejoran significativamente la capacidad de atención y también la regulación emocional. Estos cambios neurobiológicos en nuestro cerebro respaldan su potencial como una herramienta efectiva para mejorar la salud cognitiva, en lo referido a la mejora del control atencional y regulación emocional, así como en nuestra salud corporal, permitiéndonos adquirir mayor conciencia corporal.

12

DESARROLLAR LA ATENCIÓN CORPORAL

Cuando pones la atención en tu cuerpo,
antepones tu salud a la enfermedad.

Uno de los pasos más difíciles a la hora de trabajar con la atención es destinarla al cuerpo, es decir, construir atención o conciencia corporal.

Hablar de conciencia corporal es asumir una responsabilidad mayor con nuestro cuerpo, más allá de prestar simple atención. Es cuidar de este y, por ende, ser responsables de la información que nos envía el nervio vago.

Desarrollar atención corporal nos permite percibir
señales e información que nos envía el nervio vago.

Damos por sentado que vamos a vivir muchos años y nuestro cuerpo va a funcionar correctamente, pues todos nuestros órganos y sistemas están diseñados para tal propósito.

Sin embargo, sabemos que no es así. El deterioro temprano puede darse cuando los estilos de vida no son los adecuados o cuando simplemente existe un componente genético. Prestar la debida atención a nuestro cuerpo y cuidar de este es una gran responsabilidad que comprende reunir conocimiento y fuerza de voluntad.

A lo largo de mi vida he pasado por momentos difíciles en el plano familiar y también profesional. He sentido cómo momentos catalogados de ansiedad se impregnaban en mi cuerpo provocando el temblor incontrolado de mis manos y piernas, un exceso de sudoración que me conducían a un estado de contractura muscular y episodios de dolor intenso. Con los años, también he aprendido cuáles son mis puntos débiles en cuanto al dolor físico. En mi caso, son las lumbares, ya que suelo sufrir crisis de lumbalgia tras episodios intensos de estrés o ansiedad

También he visto y hablado con muchas personas que referían ciertos dolores, sensación de cosquilleo o entumecimiento de algunas partes de sus cuerpos. Sus episodios de dolor agudo puntual comenzaban a aparecer con más frecuencia de lo habitual apuntando a un posible proceso de cronificación del dolor, tal y como puede ser una lumbalgia, malestar en sus cervicales o una simple cefalea. Cuando hablaba con ellos, después de algún rodeo que otro, acababan concluyendo que atravesaban un momento de estrés o angustia. El cuerpo siempre manifiesta lo que la mente piensa y expresa como emoción.

En los últimos años ha habido una profunda revolución hacia los cuidados de la mente y la salud cerebral. Esto ha permitido, en gran medida, hablar sin prejuicios y liberarnos de ciertas etiquetas que nos tachen de personas desequilibradas. Nuestro cuerpo, incluido el cerebro, es un sistema orgánico que con su uso se va deteriorando o moldeando, según la intención de la persona. Por suerte, este panorama ha cambiado en los últimos años y cada vez son más las personas que desarrollan conciencia hacia el cuidado de su cerebro y su salud mental en general.

Sin embargo, la atención corporal, más allá de las prácticas tan saludables enmarcadas en la nutrición y actividad física, está menos extendida. Adquirir atención corporal es desarrollar un sentido más que nos permite sentir (en el sentido amplio sensorial) nuestro cuerpo y su comunicación con el cerebro. Un ejemplo muy claro es cuando sentimos nervios antes de afrontar una determinada situación y sentimos un cosquilleo en nuestra barriga (sistema digestivo). En ocasiones, este cosquilleo nos lleva a visitar el aseo.

La atención corporal nos ayuda a sentir el espacio que ocupa nuestro cuerpo en ese lugar y momento, sus posibilidades y limitaciones (por ejemplo, de movimiento en ese preciso instante), sus patrones de movimiento y cómo ciertas condiciones (como el dolor, por ejemplo) afectan a la manera de comportarse de este. Como resultado, esta capacidad puede ser esencial cuando desarrollamos tareas como conducir o practicar un deporte. Asimismo, esta herramienta nos permite comprender cómo nosotros deberíamos interactuar con objetos y otras personas. Por ejemplo, cuando buscamos algo en una estantería alta, sabemos intuitivamente la distancia a la que debemos cogerlo. En otras palabras, nos ayuda a percibir sensaciones, emociones, movimientos y funcionamiento de otros sistemas, como por ejemplo el respiratorio. Una adecuada atención corporal nos permitirá cambiar el patrón o forma de respirar si percibimos que este no es el adecuado.

CÓMO LA ATENCIÓN CORPORAL TRABAJA EN NUESTRO CUERPO

La atención o conciencia corporal opera a través de dos sistemas: el sistema propioceptivo y el sistema vestibular. Seguramente poco hayas oído hablar de ellos, pero son dos grandes sistemas sensoriales como puede ser el olfato o la vista.

Tu sistema propioceptivo se compone de receptores localizados, fundamentalmente, en tus músculos, tendones y articulaciones que van a informar en todo momento del movimiento y posición de buena parte de tu aparato locomotor, principalmente, tronco y extremidades. Por ejemplo, es el responsable de que cuando hacíamos el pino dentro del agua cuando éramos pequeños, fuéramos capaces de colocar recto nuestro cuerpo sin necesidad de vernos a nosotros mismos. Ahora, en la etapa de adulto, es el responsable de que adoptemos una posición más adecuada en la silla mientras estamos sentados, caminemos erguidos o, simplemente, adaptemos nuestras manos al uso de un nuevo teclado del ordenador para escribir. Resulta esencial para nuestra vida, ¿verdad?

El sistema vestibular reside en tu oído interno y es el responsable, en buena medida, de tu equilibrio. Es frecuente no reparar en la importancia del equilibrio hasta que un día lo pierdes y/o sufres crisis de vértigos. El sistema vestibular se compone de unas estructuras internas por donde discurren unos pequeños cristales llamados otolitos que están informando en todo momento de la posición de tu cabeza con respecto al resto del cuerpo. Como si de un registro continuo se tratase, recoge datos de aceleración y desaceleración de la cabeza, así como su posición respecto a la gravedad. Su papel resulta clave para mantener un adecuado balance corporal.

Es importante resaltar que la atención corporal emerge como un sentido más en nuestro cuerpo, tanto que nos va a aportar una información muy valiosa sobre las necesidades de nuestro cuerpo. Por ejemplo, darnos cuenta de que estamos hambrientos o tenemos sed, si tenemos necesidad de entablar relaciones sociales o pasar tiempo a solas o, simplemente, cuando sientes que necesitas estirarte, moverte y hacer deporte.

Experiencias negativas como el estrés, la ansiedad o un trauma pueden disminuirla, pues los mensajes que nuestros cuerpos envían pueden ser identificados como una amenaza, riesgo y ser desencadenantes de una mayor sensación de agobio.

Recordemos también que cuando existe una pérdida de regulación de nuestro sistema nervioso, nuestro nervio vago ve mermada su capacidad para transmitir en su *walkie-talkie* de tal forma que no reciba la información adecuada de nuestro cuerpo para su envío y procesamiento en el cerebro.

BENEFICIOS DE DESARROLLAR LA ATENCIÓN CORPORAL

Reconocer lo que sentimos y por qué lo sentimos nos da la capacidad de regular nuestras emociones y controlar nuestras vidas. Si somos conscientes de lo que ocurre en nuestra mente y nuestro cuerpo, podemos elegir responder de forma distinta a la habitual. En lugar de quedarnos atrapados en reacciones habituales, como sentirnos abrumados por las sensaciones o experimentar sudoración o taquicardia al hablar ante grupos grandes, podemos darnos cuenta de estos sentimientos sin dejar que nos dominen. Cuando sintonizamos con las sensaciones físicas que surgen en nuestro interior, nos damos cuenta de lo que nos pasa y somos capaces de cuidar de nosotros mismos.

Como veíamos en el primer capítulo, nuestro cuerpo cuenta con un amplio sistema sensorial que se compone de multitud de receptores sensoriales distribuidos a lo largo del mismo, desde la piel y tejidos blandos hasta órganos viscerales. Todos y cada uno de ellos recogen información de diferente naturaleza (temperatura, presión, dolor, movimiento, etc.) y la envían a nuestro cerebro para ser procesado y emitir, por consiguiente, un pensamiento, emoción y respuesta motora. Entre estos receptores, destacan los propioceptores, responsables del sentido de la propiocepción antes mencionado, fundamental para el desarrollo de nuestra atención corporal.

Cuando la información que nosotros recibimos de nuestro entorno a través del sentido de la propiocepción no es correcta (por ejemplo, sentir que nos estamos moviendo cuando realmente estamos parados) esta puede ser realmente estresante. Esto dispara todas las alarmas de nuestro cuerpo y mente.

En concreto, desarrollar conciencia corporal nos permite recalibrar mejor en momentos de estrés y ansiedad, así como reducir episodios de vértigos.

En condiciones normales, nos aporta un flujo constante de información de cómo responde nuestro cuerpo frente a los estados de nuestra mente, así como a la inversa, es decir, cómo repercute sobre nuestra mente determinados estados corporales.

El caso de Ana y su crisis de vértigos

Ana amaneció una mañana con un cuadro de vértigos que la inhabilitaban por completo y la obligaban a mantenerse tumbada durante largos periodos. A la espera de un diagnóstico concreto por parte del especialista, seguramente esto se debía a que las estructuras internas de su oído interno habían sufrido algún daño de origen mecánico o vírico (una posible infección de oído).

Durante una semana, Ana fue desarrollando cierto miedo a quedarse sola en casa o caminar por la calle sin ser acompañada por temor a caerse. Ese miedo no contribuía precisamente a recibir de forma nítida información de las sensaciones y percepciones de su cuerpo y, en definitiva, a desarrollar conciencia corporal para escuchar su cuerpo.

Además, a esto le añadíamos que en el intervalo de una semana debía someterse a una intervención puntual en un pie. Cuando hablé con ella supe que esa intervención, aunque de carácter leve, le provocaría cierto cuadro de inflamación general en su cuerpo y malestar mental durante los días posteriores. Aunque esta intervención era compatible con lo acontecido anteriormente, mi recomendación fue que debía recuperar primero su bienestar corporal, además de mental — recuperar confianza en ella misma a través de una adecuada percepción de su estado corporal—, antes de someterse a una puntual agresión corporal que iba a requerir niveles altos de conciencia corporal posteriores para afrontar una pronta recuperación.

Aunque nos han enseñado el cuerpo humano por órganos y sistemas diferenciados, la biología del cuerpo humano nos enseña a entenderlo como un macrosistema orgánico y completamente interrelacionado. Lo que puede estar activando la tecla de nuestro dedo gordo del pie derecho, tiene una estrecha relación con mecanismos sensoriales, inflamatorios y vías de señalización del dolor que se distribuyen de forma amplia a lo largo de nuestro cuerpo y acabarán comunicando con nuestro cerebro. Hay sistemas que se extienden de forma masiva en nuestro cuerpo (sistema sensorial e inmunológico, fundamentalmente) y actúan como grandes autovías en nuestro cuerpo por las cuales discurren de forma continua mensajeros que informan constantemente a nuestro cerebro y cuerpo.

Desarrollar la atención corporal permite tener más profundidad en las sensaciones de estas grandes autovías y permite reducir el miedo que, en ocasiones, pueden provocar ciertas sensaciones como las que produce un episodio de vértigos y el temor a caerse.

La atención corporal nos enseña a ser más perceptivos con nuestro cuerpo, reforzando nuestro autocuidado y autoconocimiento.

Para algunos, puede ser el miedo que se apodera de ti cuando sientes que aumenta tu ritmo cardíaco; para otros, puede ser esa sensación de malestar en el estómago o simplemente una sensación de escalofrío que recorre tu piel. Al tomar conciencia de tu cuerpo, desenmarañas viejas narrativas inútiles que habías asociado a esas sensaciones y sentimientos, y empiezas a ver y descifrar esos mensajes desde una perspectiva más constructiva y útil.

13
EJERCICIOS PARA DESARROLLAR ATENCIÓN CORPORAL

Practicar no va de hacerlo mal o hacerlo bien, va de ser y estar alineado con tu propósito.

EJERCICIOS DE CONTENCIÓN

¿Qué es la contención? Mientras experimentamos emociones intensas, estrés, ansiedad o recuerdos traumáticos, podemos sentirnos dispersos a la vez que abrumados, de tal forma que parece todo ello escapar de nuestro control. Ante esta sensación, los ejercicios de contención juegan un papel fundamental.

Estos son técnicas fáciles que nos permiten experimentar una sensación de contención dentro de nuestro cuerpo y mente. Permiten recuperar físicamente el control sobre uno mismo e intervenir en la magnitud de lo experimentado.

Recuperar la contención es descubrir que puedes poner límites a esas emociones y sensaciones corporales, como quien perfila las aristas de una figura geométrica.

Los ejercicios de contención te permiten regular la actividad de tu sistema nervioso a través de la recuperación del control físico de tu cuerpo.

A lo largo de los últimos años, han sido varios los autores que han descrito diferentes actividades corporales para regular el sistema nervioso, en concreto aumentando la flexibilidad de nuestro nervio vago a través del aumento de la Variabilidad de Frecuencia Cardiaca (VFC). Esto pone de manifiesto cómo el trabajo sobre nuestro propio cuerpo permite intervenir y modular parámetros del sistema nervioso para mejorar nuestro sentido del bienestar y combatir un posible episodio de ansiedad, por ejemplo. En adelante, compartiré contigo cinco ejercicios corporales basados en el trabajo de autocontención. Te animo a que los explores y decidas cuál se adapta mejor a ti. El resultado que buscas obtener es el de recuperar un estado de calma emocional y corporal cuando sientas que lo has perdido.

La práctica de este tipo de ejercicios puede ser de manera secuencial, es decir, integrando en una misma práctica un ejercicio tras otro; o bien eligiendo uno de ellos y practicarlo de manera exclusiva. Es importante que mantengas cada postura durante, al menos, un minuto o el tiempo que necesites hasta que percibas cierta mejora.

Recuerda también que existe un proceso de habituación de tu cuerpo. Tu sistema nervioso requiere de práctica reiterada, siendo esta la base en la adquisición de cualquier hábito (ver capítulo 10). Recuerda que los inicios son difíciles, pero los resultados muy gratificantes. Solo necesitas práctica y fuerza de voluntad.

Límites de tu cabeza

Coloca las manos con las palmas hacia abajo, una arriba y otra debajo de tu cabeza. Piensa que estás creando límites a tu cabeza para evitar que escapen pensamientos. Concéntrate en la sensación de contener tu cabeza mientras presionas ligeramente con tus manos y la encierras literalmente entre ellas.

Frente y nuca

Coloca una mano en la frente y la otra en la base del cráneo, detrás de tu cabeza. Concéntrate en lo que ocurre justo en medio, el lugar que alberga tu sistema nervioso dentro de tu cabeza.

Frente y corazón

Coloca una mano en la frente y la otra sobre el corazón. Presta atención a cualquier sensación entre estos dos puntos.

Corazón y estómago

Coloca una mano sobre el corazón y la otra sobre tu estómago. Puedes deslizar la segunda mano sobre algún punto por encima y por debajo del estómago recorriendo levemente tu sistema digestivo. Concéntrate en las posibles sensaciones que tienen lugar entre ambas zonas de tu cuerpo.

Tórax y base del cráneo

Identifica el punto donde tu caja torácica se ramifica en ambas direcciones (izquierda y derecha). Este lo encontrarás por encima del ombligo y justo debajo del centro de la caja torácica. Coloca la otra mano en la base del cráneo, detrás de tu cabeza y ligeramente sobre el cuello. Concéntrate en las sensaciones que tienen lugar entre ambos puntos.

MOVIMIENTOS CONSCIENTES

Hemos visto anteriormente cómo el ejercicio físico provoca cambios fisiológicos mejorando el perfil de determinados marcadores biológicos de nuestro cuerpo que conducen a un estado de salud adecuado.

Dentro del amplio espectro del ejercicio físico, el movimiento consciente resulta una de las formas más efectivas de provocar cambios en nuestro cuerpo y construir atención corporal. La razón es que realizar movimientos controlados estimulan, en gran medida, el sistema sensorial, siendo este nuestro principal puerto de entrada de información y estímulos para nuestro sistema nervioso y permitiéndonos modular la actividad de este.

Cuando la actividad es consciente, lenta, controlada y progresiva, se produce una activación de nuestro sentido de la propiocepción, lo que da vida a nuestros músculos, tendones y articulaciones, generando un plácido sentido del bienestar corporal. Recordemos también que la propiocepción y nuestro sistema vestibular (responsable del equilibrio) son fundamentales para crear conciencia corporal. Fortalecer ambos parece tener mucho sentido en este propósito.

Los movimientos conscientes y controlados estimulan nuestros órganos de los sentidos, siendo estos la puerta de entrada a nuestro sistema nervioso.

Ante situaciones de estrés nuestro tono vagal se puede ver alterado por sobreestimulación de nuestro sistema nervioso. Una gestión adecuada de nuestro movimiento puede ayudarnos a combatir esa sobreestimulación, liberando signos de ansiedad y estrés e incrementando dicho tono vagal. Asimismo, el ejercicio deliberado, controlado y consciente crea memoria en nuestro sistema nervioso, permitiendo un aumento de la tolerancia de todos los sistemas y órganos que son coordinados por nuestro nervio vago, volviéndolo más resistente frente a nuevos estímulos estresantes. Sin duda, esto permitirá que nuestro sistema nervioso sea menos reactivo, tolere mejor nuevos episodios de estrés y sea mucho más resistente.

Los movimientos corporales conscientes generan memoria en nuestro sistema nervioso, ayudando a combatir nuevos episodios de estrés y haciendo de este un sistema más resistente.

Desde un punto de vista neurocientífico, el movimiento de nuestro cuerpo activa hasta seis regiones de nuestro cerebro. Cada una de estas regiones desempeña sus propias funciones. Algunas están implicadas en lo físico; otras, en lo cognitivo. Son las siguientes:

- la corteza motora, responsable de la conversión de lo sensorial a movimiento consciente;
- la corteza frontal, que se ocupa de la atención, toma de decisiones y planificación, entre otras cosas;
- el cerebelo, donde se trabaja la coordinación, el equilibrio y nuestra posición consciente;
- la formación reticular, el tono muscular (fuerza muscular);
- la protuberancia, que es la coordinación del movimiento de las extremidades;
- y el núcleo caudado, que controla los movimientos involuntarios (reflejos).

A juzgar por cada una de las regiones activadas, tiene sentido pensar en los numerosos beneficios cognitivos y corporales que conlleva la realización de ejercicio físico.

El movimiento puede llegar a activar hasta seis regiones de nuestro cerebro.

Además, otra ventaja a reseñar es que aquellas actividades físicas que implican ritmo mejoran nuestra capacidad de organización. Cualquier patrón rítmico conjuga dos elementos fundamentales de la estructuración temporal: secuencia y duración. La adquisición y entrenamiento en estas dos nociones temporales, mejora la capacidad organizativa, de planificación y secuenciación lógico-temporal de nuestro cerebro. Esto se traduce en que nos ayuda a organizarnos mejor, a establecer prioridades, metas y estrategias. ¡Estoy segura de que nunca habrías imaginado que bailar o hacer ejercicios pautados con ritmo fuera tan beneficioso para tu cerebro!

El movimiento rítmico es un aspecto fundamental de la vida humana. Estamos muy familiarizados con ello desde una edad muy temprana y eso nos aporta múltiples ventajas. Respiramos rítmicamente, nuestro cuerpo se mueve a un ritmo circadiano, caminamos rítmicamente e incluso masticamos cuando comemos siguiendo un cierto ritmo. Desde que estamos en el útero, estamos expuestos a ciertos patrones rítmicos, como los latidos del corazón de la madre, y cuando somos bebés, los movimientos rítmicos relajantes, como el balanceo, calman nuestro sistema nervioso, aportándonos una sensación de seguridad. Por supuesto, el ritmo puede adquirirse a través de otras disciplinas físicas y también no físicas.

Movimientos que implican patrones rítmicos mejoran nuestra capacidad organizativa.

Otro gran beneficio de los movimientos conscientes es que aumentan nuestra percepción frente al sentido de la interocepción. Este, junto a la propiocepción, han sido acuñados en los últimos años como los nuevos sentidos. Para ser exactos, la interocepción nos informa de qué sucede en nuestras vísceras. Sus receptores se localizan en nuestros órganos viscerales. En otras palabras, afinar este sentido nos ayudará a «escuchar» mejor y estar más conectados con determinadas sensaciones viscerales tales como el malestar en nuestro estómago o un aumento de nuestra frecuencia cardiaca. Sobre la interocepción volveremos con más detalle más adelante.

Los movimientos conscientes ayudan a aumentar la atención corporal, con especial atención a los sentidos de la propiocepción e interocepción.

En un sentido más amplio, se ha demostrado a través de numerosos estudios que el movimiento consciente también aumenta la liberación del factor neurotrófico derivado del cerebro (conocido por sus siglas en inglés BDNF, *brain derived neurotrophic factor*). Este es responsable de asegurar el buen estado y supervivencia de nuestras neuronas.

Por todo lo anterior, generar rutinas de movimiento en nuestros días o semanas es una estrategia muy útil para mantener un óptimo estado de salud cerebral. Sin embargo, cuando pensamos en nuestros entrenamientos habituales, generalmente no prestamos atención a sensaciones tales como el estiramiento, la presión u otros movimientos más sutiles en nuestro cuerpo. Esta es la base de disciplinas físicas que en los últimos años han cobrado mayor importancia dentro del segmento de movimientos conscientes. Hablamos de disciplinas tales como el pilates, yoga o taichí, entre otros. En particular, son cada vez más los autores que investigan sobre las dos últimas arrojando numerosos resultados que hablan de los beneficios de su práctica sobre nuestro cuerpo y cerebro. En su base reside la elaboración y secuencia de movimientos sutiles y conscientes, siendo estos una herramienta clave para poner la atención deliberada en nuestro cuerpo, activando nuestros circuitos de atención plena.

En adelante, quiero compartir contigo algunos de los movimientos conscientes que puedes incorporar fácilmente en una rutina de entre cinco y diez minutos al día. Estos te ayudarán a aumentar tu sentido del bienestar corporal. Recuerda que lograr esto último es lograr una mejor comunicación cuerpo-cerebro, de lo cual ayudará al funcionamiento de tu nervio vago. Incorporar estas rutinas te permitirá aumentar la resistencia de este, incrementando su VFC y, con ello, la capacidad para regular tu sistema nervioso, saltando de un estado a otro.

Movimientos de balanceo y oscilaciones

He viajado por Asia durante años y observado sus culturas. También viví un año en Emiratos Árabes, en concreto en Dubái, donde la población asiática, especialmente la japonesa, es muy elevada.

Siempre me llamaron la atención las actividades de balanceo corporal que realizan mientras caminan, girando su tronco de lado a lado y realizando leves golpes enérgicos con sus brazos a ambos lados. Asimismo, también era frecuente verlos de pie, aparentemente estáticos, aunque con un leve balanceo de lado a lado.

Esto siempre me resultó curioso, sobre todo cuando descubres que son poblaciones muy longevas, con un mucho culto por cuerpo-cerebro. Descubrí con el tiempo que gran parte de estos movimientos de balanceo y oscilaciones tenían una repercusión muy positiva sobre el desarrollo del bienestar corporal. Entre algunos de los ejercicios que conozco, te propongo los siguientes:

1. Balanceo

Colócate de pie con las manos a los lados, las piernas cómodamente separadas y las rodillas ligeramente flexionadas. Desplaza el peso del cuerpo hacia un pie, cruzando levemente sobre la línea media del cuerpo. Toma conciencia de la lentitud del movimiento y luego, muy despacio, vuelve a la línea media, donde notarás un equilibrio corporal completo. Una vez conseguido esto, continúa moviéndote poco a poco hacia el otro pie. Haz que tu atención se desplace conscientemente a tu respiración, inhalando lentamente por la nariz y alargando la exhalación al ritmo de tu movimiento.

2. Mecerse

Otra actividad muy útil es la de mecerse. Mecerse puede ayudar a activar el sistema vestibular que controla nuestro equilibrio y orientación espacial. El sistema vestibular se desarrolla rápidamente cuando somos jóvenes. Tanto si nos acunaron para dormirnos cuando éramos bebés como si pasamos los días de verano meciéndonos alegremente en un caballito balancín, nuestras primeras experiencias de movimiento suave nos han marcado a todos. Una vez que hemos dejado atrás la cuna y el parque infantil, es mucho más difícil encontrar oportunidades para estimular nuestro sistema vestibular, aunque la necesidad de hacerlo no desaparece. Para activar suavemente dicho sistema puedes balancearte hacia delante y hacia atrás en la silla, utilizar una mecedora o mecerte suavemente de pie. Con ello seguirás fortaleciendo tu sistema vestibular, clave para desarrollar atención corporal.

3. Oscilación

Colócate de pie con los pies separados a la altura de los hombros sobre una superficie estable. Comienza girando el torso hacia la izquierda. Los brazos deben colgar sueltos a los lados y deben moverse solos por el propio impulso del movimiento del cuerpo, no porque decidas conscientemente hacerlo. Cuando hayas girado todo lo que puedas hacia la izquierda, gira en la dirección opuesta, moviendo los brazos libremente junto con el cuerpo. Mientras sigues girando de un lado a otro, los brazos empezarán a golpear ligeramente contra el cuerpo. Es recomendable continuar este movimiento de balanceo durante tres a cinco minutos, sintonizando con las sensaciones de todo el cuerpo.

4. Estiramiento vertebral

Este último ejercicio es recomendable hacerlo en el inicio de tu día, nada más levantarte. Al incorporarnos de la cama, nuestro cuerpo ha estado durante horas una posición horizontal en la cual nuestras vértebras y espacios intervertebrales han adoptado una disposición ligeramente diferente a la que deban adoptar en una posición erguida durante tu día. Seguramente amanezcas con una sensación de levantarte algo entumecido o ciertamente encogido. Con este ejercicio, deberás colocar tu cuerpo de manera erguida con ambas piernas separadas manteniendo la distancia de tus hombros. Levanta tus brazos de manera recta como si debieras colgarte de algún punto por encima de ti y comienza a descender tus brazos de manera controlada de forma que tu columna vertebral vaya curvándose como si de una «C» se tratase, sintiendo el ajuste en cada vértebra de tu columna. Desde abajo, deberás iniciar el movimiento de vuelta de tus brazos y tronco hasta adoptar de nuevo una postura erguida con los brazos arriba. En ese retorno, no olvides volver vértebra a vértebra. Repite la operación cinco veces cada mañana.

En cualquiera de los ejercicios conscientes que te propongo, deberás trabajar de manera coordinada la respiración. El movimiento corporal acompasado a un adecuado movimiento respiratorio serán la clave para realizar la actividad con éxito. En el próximo capítulo hablaremos de la respiración en profundidad.

Movimientos de equilibrio

Los ejercicios de equilibrio te permiten desarrollar mayor conciencia sobre tu cuerpo en todo momento. Como ya sabemos, el sentido del equilibrio depende en buena medida de nuestro sistema vestibular y trabaja de forma coordinada con el sistema propioceptivo. Ambos son responsables de si estamos bien sentados, nos levantamos correctamente, caminamos erguidos o nos agachamos de forma correcta para coger un objeto del suelo y al levantarnos no nos sentimos mareados.

Es lógico pensar que, si trabajamos actividades dirigidas a fortalecer el equilibrio, mejoremos nuestro sistema vestibular pero también nuestra propiocepción. Este concepto que puede parecer a priori intranscendente es clave para desarrollar conciencia sobre nuestro cuerpo, y tiene mucho que ver con el bienestar corporal. Durante años, neurobiólogos y neurocientíficos se han afanado por investigar el concepto de bienestar corporal ligado a la propiocepción y al equilibrio.

Cuando somos jóvenes, parece que todo marcha bien en nuestros cuerpos, nos sentimos cómodos con los mismos y vivimos con una aparente sensación de eternidad y confort corporal infinito. Pero al llegar a una determinada edad, en torno a los cincuenta años, la situación parece cambiar y los entornos ya no resultan tan cómodos. Es frecuente escuchar lo incómodo que se ha vuelto el sofá, la silla o el colchón de la cama. No se trata de lo incómodo que se ha vuelto nuestro entorno sino del sentido y percepción de nuestro estado físico. Este sentido se va diluyendo con el paso de los años y es la razón por la cual comenzamos a caminar de manera menos erguida y con la espalda curvada o nos sentamos en las sillas algo más retrepados. Perdemos conciencia corporal, percepción de nuestro estado físico y, con ello, bienestar físico.

Los movimientos que trabajan el equilibrio son de los más completos. Con ellos, mejoras la coordinación, la fuerza, la estabilidad y, por supuesto, la atención corporal.

Realmente, la clave reside en entrenar ejercicios que trabajen el equilibrio y, con ello, fortalezcamos la propiocepción para seguir desarrollando conciencia corporal. Los ejercicios de este tipo entrenan nuestro sistema nervioso para hacer de él una máquina más eficiente a la hora de controlar músculos, tendones y articulaciones. Esto naturalmente proporciona mayor coordinación corporal, fuerza y estabilidad. Para desarrollar el equilibrio, algunos ejercicios interesantes son:

1. Puente de glúteos

Túmbate sobre una superficie firme. Dobla las rodillas y apoya las plantas de los pies en el suelo. Apoya los brazos rectos en el suelo (o úsalos para sostener tu cintura) y levanta las caderas de la superficie lo más alto posible. Mantén la posición entre tres y cinco segundos antes de volver a bajar sobre la misma superficie.

2. Saludo lateral

Colócate con los pies bien apoyados en el suelo y separados a la anchura de los hombros. Desliza uno de tus brazos recorriendo tu pierna hasta alcanzar la menor distancia con el pie del mismo lado. Gira tu cabeza hacia arriba y eleva tu brazo contrario, en una posición perpendicular al suelo. Practica con ambos lados cinco veces en el mismo día.

3. Equilibrio sobre un pie

Empieza de pie con los pies separados a la anchura de los hombros. Elige la pierna izquierda o la derecha para empezar. Párate sobre el pie elegido, intentando mantenerte firme todo el tiempo que puedas. Repite la operación con el pie opuesto. Colócate cerca de un banco o una puerta para tener algo a lo que agarrarte si pierdes el equilibrio o te sientes inestable. Repite cinco veces con cada pie.

Movimientos somáticos

Cuando hablamos de movimientos somáticos, nos referimos fundamentalmente a estiramientos de nuestros músculos. Debemos recordar que una parte de los estímulos sensoriales que consumimos activa o pasivamente en nuestro día a día, se procesan en las áreas corticales de nuestro cerebro para generar una respuesta motora. El responsable último de esta respuesta es el músculo. Por tanto, el trabajo con nuestros músculos es fundamental en la regulación de nuestro sistema nervioso.

Los movimientos somáticos están basados en estiramientos de nuestros músculos más superficiales, pero también los viscerales, es decir, aquellos que forman parte de los órganos vitales (por ejemplo, un músculo cardiaco).

Los movimientos somáticos mejoran el sentido postural (propiocepción) y visceral (interocepción). Ambos tienen como base el músculo.

Estirar nuestros músculos nos ayuda a liberar tensiones acumuladas y a escuchar de una manera más profunda nuestro cuerpo, desarrollando los sentidos de la propiocepción y la interocepción.

¿CÓMO TRABAJAR EL ESTIRAMIENTO MUSCULAR?

Cualquier movimiento somático está basado en la pandiculación, un proceso fisiológico por el cual nuestros músculos se contraen y relajan de forma natural y con regularidad. Un ejemplo de ello es la tendencia a estirarnos al amanecer. Como todo proceso fisiológico, la pandi-culación es un proceso natural que utiliza nuestro cuerpo, en particular nuestro sistema nervioso, para liberar la tensión contenida en los músculos. Sucede que vamos tan deprisa que en muchas ocasiones no atendemos esta res-puesta natural de nuestro cuerpo, ignorando la tensión retenida y no permitiendo su liberación.

Los estiramientos somáticos están diseñados para imi-tar esta misma respuesta muscular y facilitar el proceso. De igual forma que antes, podrás trabajar este tipo de esti-ramientos en disciplinas tales como pilates, yoga, taichí o cualquier programa específico de estiramientos supervi-sado por un fisioterapeuta, fundamentalmente. El estira-miento somático trabajará efectivamente la musculatura más superficial pero también la interna.

Como cualquier otro sentido, la interocepción distri-buye sus receptores a lo largo de la musculatura de nues-tros órganos viscerales, informando del grado de bienestar corporal del estómago, intestinos, corazón o pulmones, entre otros.

La interocepción se localiza en los músculos que acompañan nuestros órganos más viscerales.

Es precisamente a través del nervio vago la vía por la que nuestras vísceras se comunican y envían una información a nuestro cerebro (la corteza insular), el cual después crea el estado que sentimos en cada momento. El cerebro lo piensa y, por consiguiente, se traduce en una emoción asociada a ese estado de bienestar o malestar, según el caso.

Es esperable que con el paso de los años exista desgaste de nuestro cuerpo. Sin embargo, es una pena que no seamos capaces de percibir ciertas sensaciones internas de cómo nos sentimos por dentro, lo cual nos ayudaría a intervenir a tiempo o tomar las medidas adecuadas.

Un dato importante de las funciones de la interocepción es que, dado que se trata de un sentido visceral, y una vez procesada su información, se asocia a la emisión de una determinada emoción; es decir, es un perfecto indicador de nuestras emociones y estados de ánimo. Desde un punto de vista neurobiológico, las emociones son el resultado de nuestras reacciones viscerales y dependen, en gran medida, del sentido interoceptivo.

Un buen ejemplo puede ser cuando somos capaces de respirar profundamente, nuestros pulmones informarán de ello a través del nervio vago a nuestro cerebro y se procesará una respuesta asociada a una emoción que, seguramente, será la de tranquilidad o felicidad.

Otro sería sentir nervios cuando nos enfrentamos a un gran reto o conocemos a alguien que nos gusta. Es posible que sintamos las famosas mariposas en el estómago que informarán a nuestro cerebro produciendo la emoción de sentirse nervioso.

La interocepción es responsable, en buena medida, de nuestras emociones y genera memoria corporal.

Todo cuanto hemos ido aprendiendo desde nuestra niñez en aras de poder relacionar nuestro cuerpo con nuestras acciones y emociones está profundamente relacionado con el sentido de la interocepción.

Un dato más relevante incluso es que nuestro cerebro va recopilando información postural (propiocepción) y visceral (interocepción) de eventos anteriores, generando memoria corporal. Es decir, cómo aquello nos hizo sentir corporalmente. Es tal que así que el cerebro, en ocasiones, emplea esa información corporal como si de una vara de medir se tratase y, sobre ello, poder tomar decisiones y emitir emociones asociadas.

La pérdida de interocepción asociada al envejecimiento obliga a que la persona pierda progresivamente la sensibilidad para discriminar sensaciones corporales más internas. Por supuesto, se puede combatir con pautas de ejercicios conscientes, aunque habrá personas que jamás lleguen a desarrollar este sentido y, con ello, el sentido del bienestar corporal.

Un gran beneficio de practicar estiramientos musculares es que, en la medida que los integras en tu día a día, también experimentas cierta mejora en tu estado emocional. En general, el trabajo con tu cuerpo ofrece una oportunidad para procesar y liberar emociones intensas sin necesidad de usar la estrategia verbal. En ocasiones, una determinada complicación requiere una buena conversación. Hay veces que otras requieren un adecuado estiramiento muscular.

14
RECURSOS REGULADORES

Aprender a tocar las teclas adecuadas de tu sistema
nervioso es un proceso igual al de aprender a tocar el piano
o elaborar una receta. Es conocimiento y práctica.

En este capítulo hablaremos de diferentes recursos moduladores de la actividad de nuestro sistema nervioso. Si bien algunos forman parte del funcionamiento intrínseco de nuestro cuerpo, por ejemplo, respirar, otros se basan en factores externos cuya adecuada gestión puede generar cambios en nuestro sistema nervioso.

Antes de entrar en ellos, es importante saber que para que su uso sea efectivo, debemos garantizar cierta sensación de seguridad y control, al menos, del entorno que nos rodea. Ante una situación de crisis, estrés o malestar interno que nos incapacita para pensar con claridad, es fundamental poder garantizar que el entorno en el que nos encontramos va a velar por nuestra seguridad. Esta percepción de seguridad externa va a ayudarnos a reestablecer cierta seguridad en nosotros mismos, algo necesario para iniciarnos con la práctica y uso de los recursos reguladores.

El primer paso en la regulación de tu sistema nervioso es asegurar un entorno seguro y amable.

Recuerda que la conexión social nos ayuda a activar el estado de bienestar social, induciendo mayor bienestar en nosotros. Si no puedes empezar ayudándote a ti mismo, busca rodearte de las personas adecuadas para sentirte parte de un entorno seguro, comprensivo y compasivo hacia tu situación. Por supuesto, en el camino del restablecimiento de la actividad de tu sistema nervioso, deberás ser perseverante para asegurar que tienes cubiertas tus necesidades fisiológicas más básicas, como pueden ser la alimentación, el sueño o la respiración. Veamos algunas de ellas con mayor detalle.

RESPIRACIÓN NASAL Y DIAFRAGMÁTICA

La biología de la respiración permite flujos cíclicos de aire de la nariz, lo que proporciona una mejora de la actividad celular y, en particular, de la actividad de las neuronas en nuestro cerebro.

No debemos olvidar que nuestro organismo está constituido por células que, para su correcto funcionamiento, necesitan tomar oxígeno y desprender al mismo tiempo dióxido de carbono. Todas nuestras células, con independencia del sistema al que pertenezcan (hepático, digestivo o circulatorio, entre muchos otros) necesitan oxígeno para poner en marcha sus respectivas funciones. Esto es lo que sucede a nivel interno celular, podríamos decir que en una escala en la que el ojo humano es incapaz de percibir (llámese microscópica).

La respiración es el único factor que forma parte de nosotros y que nos permite regular nuestro sistema nervioso. Recuerda que respiramos veinticuatro horas al día, siete días a la semana.

Mientras tanto, nuestro sistema respiratorio, también constituido por sus propias células, necesitan de ese ciclo respiratorio para, a su vez, realizar sus funciones que no son otras que permitir el movimiento respiratorio que percibimos en una escala mayor, la macroscópica (nuestros pulmones se expanden, lo que provoca la apertura de nuestra caja torácica, algo fácilmente perceptible).

El movimiento respiratorio clásico y por excelencia el de los humanos es el de inspirar por la nariz y exhalar por la boca, aunque en ocasiones el individuo realiza ambos por la boca en situaciones de estrés.

Dada la arquitectura de nuestro aparato nasal-bucal, aquel aire que entra directamente por la boca se encuentra más barreras físicas para acceder al interior y lograr su propósito de volcar el oxígeno en el torrente sanguíneo pues tropieza con la faringe, un conducto que encontramos al final de la cavidad bucal y que permite el paso del aire a la laringe y los pulmones.

Sin embargo, la respiración nasal profunda es mucho más efectiva, entendiendo como efectividad que el oxígeno va a encontrar a su paso un camino más fácil para alcanzar el torrente sanguíneo o circulación. Esto es así porque nuestra cavidad nasal está revestida interiormente por tejidos blandos muy irrigados por pequeños capilares capaces de transportar grandes cantidades de oxígeno al torrente sanguíneo.

A través de la respiración nasal, el oxígeno llega al torrente sanguíneo con mayor eficacia.

Hace algunos años, hubiera resultado algo más difícil afirmar que este tipo de respiración, además de contribuir a la irrigación de cualquier célula de nuestro cuerpo, también podría contribuir positivamente en las de nuestro cerebro. Hace algunos años se sostenía firmemente que cerebro y cuerpo no se comunicaban entre sí, y los separaba físicamente la llamada barrera hematoencefálica. Actualmente se sabe que esta barrera presenta espacios intersticiales entre sus células, lo que posibilita el paso de numerosas moléculas fundamentales para nuestro cerebro procedentes del cuerpo.

Pues bien, ya sabemos que la respiración nasal profunda favorece la actividad neuronal. Años más tarde, la investigadora y neuróloga Christina Zelano afirmaba que la respiración nasal profunda inducía cambios directos en varias regiones de nuestro cerebro responsables de la regulación emocional, la memoria y el comportamiento. Es fácil imaginar que nuestro impulso respiratorio es constante para garantizar una adecuada respiración. Sin embargo, su ritmo no es fijo y está sujeto a la variedad emocional y cognitiva, lo que incluye estados de alteración del ánimo, entre otros, propiciados por el estrés, ansiedad o depresión. En el intento de trazar un itinerario de cómo nuestra respiración nasal puede afectar a nuestro centro de emociones en el cerebro (la amígdala), afirmamos que cualquier cambio en el estadio emocional altera nuestra respiración. Sin embargo, el mensaje principal en este apartado es comprender que existe un efecto en la dirección contraria también. Es decir, el control y la regulación de nuestra respiración nasal (en frecuencia e intensidad), puede cambiar la función de nuestra amígdala y, por tanto, participar en la regulación de nuestros estados emocionales.

La respiración nasal disminuye la excitabilidad de nuestro cerebro por regulación de la amígdala cerebral. También influye positivamente sobre la atención y la memoria.

La lectura general que deriva de esto es que la respiración sirve para algo más que el suministro de oxígeno al cuerpo. También puede organizar la actividad neuronal de algunas regiones de nuestro cerebro y consecuentemente regular conductas. En esencia, este es el fundamento de las técnicas de *mindfulness* y meditación, que, además de controlar el movimiento respiratorio, permiten una mejora significativa de la atención (como ya hemos visto en el capítulo 11).

Zelano sugiere que el mecanismo por el cual la respiración nasal podría regular la actividad emocional de la amígdala es porque, inicialmente, induce actividad en otra región: la corteza prefrontal. Esta es la responsable fundamentalmente de la atención y funciones ejecutivas. La excitabilidad de las neuronas de la corteza prefrontal se propaga a la amígdala y al hipocampo a través de conexiones directas entre estas regiones del cerebro. Por tanto, tenemos tres grandes áreas que se ven beneficiadas de la respiración nasal: la corteza prefrontal, la amígdala y el hipocampo. Esto implica beneficios sobre la atención, emociones y aprendizaje/memoria, respectivamente.

Los datos demuestran que el impacto sobre estas regiones es notable cuando la inhalación es nasal y no oral. Asimismo, evidencian que no existen cambios significativos cuando tiene lugar el ejercicio de exhalación.

Recuerda también que el mayor llenado de aire de nuestros pulmones se consigue gracias a una respiración diafragmática (implica el movimiento del diafragma que separa nuestro tórax del abdomen). Solo de esta forma se logra que el ejercicio de respiración sea lo más efectivo posible.

Con la respiración diafragmática (no torácica), logramos el llenado máximo de nuestros pulmones.

Con toda esta información sobre la mesa, podemos deducir que, si somos capaces de identificar estresores en nuestra vida cotidiana, podamos controlar estos a través de la respiración para intervenir en la actividad de nuestro cerebro a nivel de emociones, atención, memoria y comportamiento. Disponemos de un recurso de fácil alcance y uso como es nuestra respiración, capaz de minimizar los efectos del estrés sobre nuestro organismo. Saber esto nos otorga un poder de intervención fácil que permite frenar la cascada del estrés e inflamación.

No es de extrañar que muchas personas para inducir ese efecto de relajación y emisión de emociones positivas, así como entrenamiento de su atención, utilicen diferentes estímulos sensoriales olfativos, tales como aceites esenciales o cualquier otra fragancia agradable para estimular su actividad neuronal. A colación de esto último, cabe añadir que en el área del neuromarketing está demostrado que el olfato es uno de los canales sensoriales que más estimulan nuestra actividad neuronal. Esto es objeto de numerosas industrias que generan experiencias olfativas asociadas a sus marcas y productos para favorecer y moldear el comportamiento de sus clientes.

La práctica cotidiana de Nuria

Conocí a Nuria en una de mis colaboraciones en divulgación. Nuria es especialista en atención de necesidades especiales educativas (NEE) en niños, estaba al frente del departamento en un centro especializado en España y sentía auténtica pasión por su trabajo. Si bien, también sufría estrés. Las NEE actuales son desafiantes, y la implantación de medidas en los centros resulta una labor muy exigente. Al mismo tiempo, recuerdo a Nuria como una persona vital y llena de energía, rasgos que le permitían abordar otros tantos proyectos profesionales.

Un día me confesó que sufría estrés. Sabía que podía gestionar su larga lista de quehaceres de diarios, pero llegaba la noche y la excitación de su cerebro no le permitía conciliar el sueño. Después de un asesoramiento en prácticas de respiración, Nuria comenzó a incorporar esta nueva práctica cada noche de manera rigurosa y meticulosa. Reemplazó la actividad visual del televisor de noche o de la pantalla de su iPhone por la actividad olfativa de su respiración nasal profunda, a través de la meditación antes de dormir.

Al cabo de un tiempo, había logrado equilibrar las frecuencias de su cerebro y alcanzaba la hora de dormir en un estado de relajación y gestión emocional adecuados. A la mañana siguiente, su atención y memoria arrancaban en niveles óptimos para enfrentar un nuevo día. Ella no lo sabía, pero sus niveles de estrés e inflamación de bajo grado comenzaban a estar controlados.

En relación con la respiración, cabe destacar las bondades de tararear una canción, por ejemplo. Tararear requiere controlar los movimientos de inhalación y exhalación de tal forma que afiances la buena práctica respiratoria, siendo esta técnica útil para relajarse.

Muchos estudios han demostrado que la respiración diafragmática lenta y profunda (recuerda, la que realizas con tu abdomen y no con el pecho), reducen la frecuencia cardiaca y la presión arterial, aumentando el tono vagal. Cuando tarareas, ralentizas la exhalación lo que contribuye en lo anterior. También, en el ejercicio de tararear, la voz juega un papel importante de activación de tu nervio vago, el cual comunica con tu laringe.

EL DESCANSO DE ENTRE SIETE Y OCHO HORAS

Según un informe de la National Sleep Foundation (Estados Unidos), dormir entre siete y ocho horas (cantidad recomendable para los adultos), no es sostenible en buena parte de la población. Aunque la cifra de personas que no logran adherirse a esta buena práctica es demasiado elevada, lo cierto es que dormir menos no es saludable para nuestro cerebro.

Desde un punto de vista neurobiológico, contamos con un sistema de limpieza en nuestro cerebro conocido como sistema glinfático. En nuestro cuerpo, para ser exactos, contamos con un total de cinco órganos principales que se encargan de detoxificar y eliminar toxinas. Estos son el hígado, los riñones, el intestino, la piel y los pulmones. Cualquier conjunto de células vivas produce desechos fruto de su metabolismo, y lo mismo sucede en el cerebro. Sus células nerviosas (neuronas y otras) producen desechos como resultado de su actividad metabólica necesaria para simplemente funcionar. Nuestro cerebro, que resulta ser el sistema más evolucionado de nuestro organismo, pone a su disposición todo un entramado de limpieza llamado sistema glinfático.

El dato más curioso lo obtenemos cuando relacionamos este con el sueño. Para que el sistema glinfático desarrolle bien su trabajo y sea efectivo, requiere de, al menos, siete horas para la expulsión de los desechos, porque mientras dormimos tiene lugar el proceso de limpieza de nuestro cerebro.

Es importante saber que estas toxinas pueden aumentar sus niveles debido a malos hábitos (consumo regular de alcohol) o la influencia de factores externos tales como el estrés. La privacidad de sueño y, con ello, la acumulación de estas toxinas se convierte en una causa potencial de los síntomas de la demencia, entre otras enfermedades neurodegenerativas.

Naturalmente, el impacto sobre esto resulta a largo plazo y requiere de un efecto acumulativo. Por otra parte, la falta de sueño también tiene un efecto a corto plazo sobre muchas de nuestras funciones cerebrales.

La evidencia científica sostiene que una noche sin dormir influye en el cociente intelectual y afecta directamente a funciones como la atención, memoria y funciones ejecutivas. La falta de sueño está directamente relacionada con tener un cerebro más excitable. Su excitabilidad está asociada al uso de su parte más primitiva, de tal forma que nuestras respuestas pueden ser a lo largo del día más reactivas. Un cerebro en su expresión primitiva resulta ser más reactivo y falto de autorregulación. El razonamiento sopesado, ordenado y lógico para medir bien nuestras respuestas, procede del córtex prefrontal que, en condiciones de privacidad de sueño, se expresa en bastante menor medida. Asimismo, esta región alberga nuestras funciones ejecutivas entre las que destacan el autorregulamiento —una cualidad, sin duda, muy evolucionada que depende de una de las regiones más evolucionadas de nuestro cerebro, como no podía ser de otra manera—.

No dormir bien activa las regiones más primitivas de nuestro cerebro lo que lo convierte en un cerebro muy excitable, reactivo y lo aleja del pensamiento lógico y ordenado.

Por supuesto, el área límbica de nuestro cerebro responsable de nuestras emociones también tiene mucho que decir aquí. La falta de sueño afecta directamente a esta región, presentándose mayor dificultad para gestionar nuestras emociones y nuestro estado de ánimo.

Mis recomendaciones para mejorar la calidad de tu sueño

Mejorar la calidad del sueño va a implicar, en gran medida, mejorar la limpieza de tu cerebro y, con ello, resetear el mismo para iniciar el siguiente día con tus funciones cerebrales a pleno rendimiento.

Algunos fármacos empleados en numerosas ocasiones para mejorar la conciliación del sueño y reducir despertares nocturnos, tales como la melatonina, muy frecuentemente presentada como complemento alimenticio, son armas de doble filo para nuestro cerebro. De manera puntual, pueden ayudar, pero su consumo regular genera una sobreexposición a esta sustancia que puede provocar saturación en nuestro cerebro. En términos biológicos, la melatonina es una sustancia que se libera de forma natural por la región responsable de los ciclos de sueño/vigilia llamada glándula pineal. Normalmente, nuestra glándula pineal va a liberar melatonina de manera natural cuando las células fotorreceptoras de nuestros ojos detectan falta de luz. De ahí que la alternancia de ciclos de luz a lo largo del día vaya determinando nuestro estado de somnolencia. Al llegar la noche y disminuir los niveles de iluminación, nuestra glándula pineal empezará a liberar melatonina disparando otros mecanismos en el cerebro para que, finalmente, produzca en nosotros un estado de somnolencia (sueño).

El problema con la melatonina se produce cuando nos excedemos en su uso y la consumimos de manera regular. Como comentaba anteriormente, los receptores que se encargan de recibirla para activar todos los mecanismos necesarios para inducir el sueño pueden saturarse. ¿Te ha pasado alguna vez que después de cierto tiempo usando el mismo perfume ya no lo hueles en ti mismo? Con la melatonina y otras sustancias pasa lo mismo que con el perfume. Interactúan con sus receptores ubicados en diferentes partes de nuestro cuerpo y tras largas exposiciones, estos receptores se saturan de tal forma que la actividad que se espera de estas sustancias disminuye. Dejan de ser efectivos.

Si buscas una conciliación óptima del sueño sin recurrir a la farmacología, aprovechando el potencial natural de tu cerebro, te recomiendo la siguiente hoja de ruta:

1. La primera consideración es el entorno en el que vas a dormir (habitación). Este debe tener unos niveles de oscuridad adecuados para contribuir en el correcto funcionamiento de la glándula pineal y su liberación de melatonina.

2. Lo segundo es controlar el nivel de excitabilidad de tu cerebro. Si has tenido un día muy ajetreado mentalmente, con una intensa actividad neuronal (reuniones densas, tomas de decisiones importantes, un sinfín de quehaceres con tus hijos que conlleven actividad mental, entre muchos otros), es importante que te prepares conscientemente para tu entrada en el sueño, al menos, una hora antes. Debes propiciar una experiencia relajante previa al sueño:

• Evita en la hora previa al sueño la exposición a cualquier tipo de pantalla, fundamentalmente la del móvil, y cualquier otro dispositivo similar que emita luz azul. Te ayudará a reducir la excitabilidad de tu cerebro.

• Potencia tu respiración nasal (ver apartado anterior). Para ello, puedes practicar cualquier técnica de meditación o simplemente un ejercicio profundo y deliberado de respiración nasal mantenido un tiempo.

• Anímate a realizar movimientos conscientes un tiempo antes de ir a la cama (puedes consultarlos en el capítulo 13).

3. Haz que tu plan de dormir bien alimente tu propósito. Cree firmemente en las bondades de este y sus beneficios para tu cerebro. Desde un punto de vista científico, cultivar un propósito implica la movilización de diferentes regiones de

tu cerebro: área racional (dormir sobre siete u ocho horas me permite detoxificar mi cerebro), área emocional (dormir siete u ocho horas me permite sentirme mejor al día siguiente) y área de la intuición (dormir siete u ocho horas me permitirá un mejor aprovechamiento de las funciones de mi cerebro).

4. Una vez alimentado tu propósito, entrena la fuerza de voluntad para repetir ese ritual con cierta frecuencia, transformar esa reiteración en aprendizaje inconsciente en tu cerebro y generar el hábito. Solo así tu cerebro ofrecerá menos resistencia y reticencia a prepararte cada noche para la conciliación adecuada del sueño asegurando, por tanto, disfrutar esas siete-ocho horas de sueño todos los días.

Recuerda: dormir bien te garantiza un proceso de limpieza adecuado de tu cerebro. Esto permite eliminar toxinas que, de no ser así, comienzan a establecerse como posibles agentes oxidativos. La oxidación contribuye a los niveles de estrés celular de tu organismo. Reducirlos significa reducir los niveles de inflamación de bajo grado.

Nuestro cuerpo es un engranaje de sistemas biológicos que interactúan los unos con los otros y cuya base común es el funcionamiento celular. Reducir los niveles de estrés e inflamación de nuestras células es posible a través de buenas prácticas y hábitos saludables. Desde la respiración nasal, pasando por el ejercicio físico y mejora de la oxigenación. Todo está estrechamente relacionado y nosotros podemos contribuir en gran medida a ello.

EXPOSICIÓN A LA LUZ SOLAR

Una de las mejores formas de apoyar tu nervio vago y el sistema nervioso es por exposición a la luz natural, preferiblemente en la mañana. Esta exposición ayuda a regular la producción de cortisol, regula los niveles de melatonina y, más importante aún, apoya los ritmos circadianos, es decir, de sueño/vigilia. En otras palabras, ayuda a tener energía en la mañana y estar relajado para poder dormir en la noche.

Tu ritmo circadiano es como un horario integrado que existe en cada una de tus células, incluidas las de tu cerebro. Este horario establece el ritmo de funciones como dormir, la temperatura del cuerpo, metabolismo y los cambios de ánimo.

Los ritmos circadianos pueden fallar especialmente en momentos de estrés y niveles de cortisol altos, causando inestabilidad en los ciclos de sueño-vigilia.

La luz natural afecta en tu calidad del sueño y ánimo indirectamente, pues regula la disponibilidad de neuro-transmisores tales como la serotonina, la cual juega un papel importante en la regulación del estado emocional. También regula los ritmos circadianos por sincronización con el amanecer y puesta de sol ambientales.

La luz natural regula los ciclos de sueño y vigilia necesarios para sentirte con energía durante el día y somnoliento de noche.

La luz natural es en esencia un recurso libre y de fácil acceso que puede apoyar tu ritmo circadiano y los patrones de sueño, además de regular el ánimo. La exposición a la luz solar en las primeras horas de la mañana ayuda a tu cuerpo a sintonizarse con los horarios biológicamente definidos y, por tanto, a funcionar mejor, adaptándote de forma adecuado a los tiempos en los que toca conciliar el sueño y despertar.

EXPOSICIÓN AL FRÍO

La exposición al frío es una de las formas más eficaces de estimular el nervio vago y, con ello, incrementar el tono vagal. Las últimas investigaciones sobre la exposición al frío sugieren que una exposición regular y rutinaria al frío —por ejemplo, una ducha—, incrementa la activación del sistema parasimpático y disminuye la actividad del simpático. No hay que confundir cierta exposición al frío como puede ser una ducha con algunas pseudoterapias que se están difundiendo en los últimos años de exposición a temperaturas casi de punto de congelación del agua, lo cual puede acarrear serios problemas de salud.

ENTORNOS NATURALES

La interacción con la naturaleza y su influencia positiva en la salud está siendo estudiada cada vez por mayor número de investigadores. Fundamentalmente, se ha demostrado que el contacto con la naturaleza ayuda en la mitigación del estrés, poniendo de manifiesto la recuperación de determinados parámetros biológicos cuando la persona ve imágenes relacionadas con la naturaleza o interactúa con ella, posterior a un factor estresante.

Uno de los parámetros que se miden con frecuencia en este tipo de estudio es la frecuencia cardiaca, viéndose que esta disminuye considerablemente tras el contacto natural.

Hay estudios que demuestran que la exposición de los sujetos voluntarios a imágenes de naturaleza provocaba una disminución de la frecuencia cardiaca con el consiguiente aumento significativo de la variabilidad de frecuencia cardiaca (VFC). Si recordamos, este último es un medidor indirecto del estado y mejora en el funcionamiento de nuestro sistema nervioso autónomo, en concreto, de nuestro nervio vago.

No podemos olvidar que el propósito de regulación de nuestro sistema nervioso es poder transitar entre sus diferentes estados y eso solo es posible teniendo una VFC elevada.

El contacto con la naturaleza aumenta nuestra variabilidad de frecuencia cardiaca y, con ello, la resistencia de nuestro sistema nervioso.

Por otro lado, otros estudios han resaltado que la interacción con entornos naturales produce cambios en marcadores endocrinos, tales como una disminución de la adrenalina, noradrenalina y cortisol, siendo estos responsables de la activación del estado de movilización, lucha o huida, entre otros.

LA INFLUENCIA POSITIVA DE LA MÚSICA

La conexión con la música ha formado parte de la experiencia humana durante miles de años y hay razones neurobiológicas que justifican este hecho. Escuchar música, así como cantar o tararear canciones, genera cambios en nuestro cerebro.

Seguramente hayas experimentado cómo una canción te ha transportado a un momento anterior o te ha hecho pasar de un estado de bajón a euforia en cuestión de segundos. La música genera en nosotros emociones —felicidad, por ejemplo—, pensamientos —«Todo irá bien» por ejemplo— y/o movimientos corporales —nos mueve a la acción, a bailar, a mecernos…—, siendo todos estos un tipo de respuesta al procesamiento de toda la información contenida en la música (datos para nuestro cerebro).

Volvemos a imaginarnos a nuestro cerebro como un sofisticado ordenador que recoge datos y los procesa para emitir una respuesta. En su paso, estos datos recorrerán diferentes regiones de nuestro cerebro, activándose fundamentalmente aquellas implicadas con la memoria, desencadenando conexiones y asociaciones. La música la sentimos como una experiencia en nuestro propio cerebro y cuerpo.

Escuchar música, cantar, tararear o bailar tiene efectos positivos sobre nuestro sistema nervioso.

A lo largo de la historia de la humanidad, la música ha estado muy presente en multitud de géneros y formas, del mismo modo que el baile, siempre incentivado por una melodía. No es de extrañar que este tándem sea parte inherente de nuestra identidad humana y pueda ayudarnos a regular nuestro sistema nervioso.

Investigaciones más recientes han demostrado que bailar incrementa los niveles del Factor Neurotrófico Derivado del Cerebro, que asegura mejor estado de nuestras neuronas y su supervivencia (nos referíamos a él como BDNF anteriormente). Si antes sabíamos que la actividad física producía un aumento de esta proteína, ahora sabemos que bailar es aún mejor que lo anterior, contribuyendo a un mejor mantenimiento de nuestras neuronas.

Los beneficios de la música no solo se reservan a las canciones que escuchamos sino también las canciones que cantamos. Como ya fue mencionado anteriormente, la laringe está inervada por el nervio vago, por lo que el simple hecho de utilizar nuestra voz regula la actividad del nervio vago. Esto también arroja un interesante apunte en el hecho de emplear la conversación con otras personas o con uno mismo para regular nuestro sistema nervioso y, con ello, nuestros estados de ánimo. Yo siempre afirmo que debemos hablar con el vecino, el amigo, el familiar, el canario, el perro o la planta, pero que debemos hacer por hablar siempre como medida para moldear la magnitud de nuestros pensamientos y emociones.

Cuando cantamos y tarareamos estamos cambiando al mismo tiempo el patrón de nuestra respiración, que pasa de superficial a profunda, además de alargar los tiempos de la exhalación. Recuerda que la respiración lenta y diafragmática es una palanca directa de activación de tu nervio vago y, consecuentemente, un aumento de tu tono vagal.

Entender la importancia de la música en general para regular nuestro sistema nervioso nos permite crear una amplia diversidad musical adaptada a los tres estados que ya conocemos de este.

Crea tu propia playlist para regular tu sistema nervioso según el estado:

Estado de movilización (lucha o huida)

En este estado te ayudarán canciones más lentas y tranquilas para reestablecer el equilibrio.

Estado de inmovilización (desconexión o apagado)

En este estado te ayudarán canciones animadas y de contenido festivo para equilibrar.

Estado de compromiso social (relajación, tranquilidad y bienestar)

Podrás adaptar las canciones en la medida de tus gustos y preferencias. Lo importante es que te funcionen a ti, produciendo un efecto de bienestar y placer.

15
APRENDE A MAPEAR
TU SISTEMA NERVIOSO

A veces, el autoconocimiento con uno mismo puede generar cambios positivos en la vida de las otras personas. No lo hagas solo por ti. Tú decides cuánto extender tu generosidad.

Aprender a mapear nuestro sistema nervioso significa identificar claramente los tres estados de la teoría polivagal, sus desencadenantes y las experiencias, que nos pueden servir para combatirlos —esto último en el caso de los dos estados primeros (movilización e inmovilización)—. Veamos primero algunos conceptos importantes que nos ayudarán a perfilar nuestro mapa.

DESENCADENANTES

Un desencadenante puede ser la presencia de una persona en sí, el lenguaje verbal o no verbal de una persona, un recuerdo, un evento, un lugar o un insignificante elemento sensorial (el olor a café recién hecho). Lo llamamos desencadenante porque va a evocar en ti un pensamiento, respuesta emocional o motora como clara consecuencia.

MOMENTOS DE BALANCE

En el caso de los estados de movilización e inmovilización, vamos a necesitar echar mano de momentos de balance. Estos son momentos que aportan equilibrio y que el hecho de vivirlos —o simplemente pensarlos— nos provoca emociones positivas tales como la felicidad, serenidad o paz. Un ejemplo puede ser recordar una agradable conversación con tus seres más queridos u observar la quietud del mar de noche.

Son momentos que ayudan a reestablecer la actividad de nuestro sistema nervioso y nos devuelven al espacio de la seguridad. En el caso de encontrarte en el estado de compromiso social, usarás estos momentos para seguir nutriendo y alimentando este estado. Aprender a identificar cada uno de los tres estados de nuestro sistema nervioso, sus desencadenantes y momentos de balance, no es tarea fácil. Escarbamos a continuación en las oquedades más profundas del autoconocimiento y de la conciencia. Si lograste llegar hasta aquí, estás a un salto de aprender a regular tu sistema nervioso y responder de forma adaptada.

El primer ejercicio al que te animo es cumplimentar las siguientes fichas para los tres estados diferentes. Para todas ellas, los momentos de balance pueden ser comunes, dado que estos pueden ayudarte a regular tu sistema nervioso al alza o a la baja.

ESTADO DE MOVILIZACIÓN (LUCHA O HUIDA)

Mis desencadenantes

Escribe en una lista todo lo que consideres que desencadena en ti un estado de exceso de movilidad y excitación. Por ejemplo:

1. Cuando me encuentro con un atasco inesperado por corte de una vía.
2. Cuando no te avisan de que van a llegar tarde.
3. Cuando utilizan un tono de voz amenazante.
4. Cuando contrato un servicio y la falta de profesionalidad me repercute negativamente.

¿Cómo me siento?

Escribe una lista de sensaciones tanto a nivel mental como corporal. Cuantos más detalles aportes, más ahondarás en tener una fotografía real de este estado para poder identificarlo a tiempo en ocasiones posteriores. Por ejemplo:

1. Exceso de sudoración o transpiración corporal.
2. Irritabilidad.
3. Exceso de movimiento general.
4. Temblores en las extremidades.
5. Empleo de un lenguaje menos amable.
6. Ansiedad, miedo.

Mis momentos de balance

Escribe en una lista todo lo que te conduce de forma natural a sonreír, te hace vibrar, sentir en calma, estable y conectado. No tiene que estar relacionado con lo anterior.

1. Cuando paso tiempo con mis hijos/nietos.
2. Cuando me acarician la cabeza.
3. Cuando escucho mi canción favorita.
4. Cuando converso con personas de mi confianza y me escuchan sin juzgar.
5. Cuando me siento reconocido.

ESTADO DE INMOVILIZACIÓN (DESCONEXIÓN O APAGADO)

Mis desencadenantes

Escribe en una lista todo lo que consideres que te ponen en un estado de baja actividad, inerte y parada. Por ejemplo:

1. Falta de motivación laboral.
2. Dificultad económica en la familia.
3. Exceso de tareas familiares, domésticas o laboral.
4. Situación de conflicto mantenido en el tiempo sin resultados favorables.

¿Cómo me siento?

Escribe una lista de sensaciones tanto a nivel mental como corporal. Cuantos más detalles aportes, más ahondarás en tener una fotografía real de este estado para poder identificarlo a tiempo en ocasiones posteriores. Por ejemplo:

1. Niebla mental.
2. Agotamiento sin justificación aparente.
3. Pérdidas de memoria.

4. Sensación de pesadez corporal.
5. Tendencia a la procrastinación (posponer tareas)
6. Falta de apetito.

Mis momentos de balance

Escribe en una lista todo lo que te conduce de forma natural a sonreír, te hace vibrar, sentir en calma, estable y conectado. No tiene que estar relacionado con lo anterior. Por ejemplo:

1. Cuando paso tiempo con mis hijos o nietos.
2. Cuando me acarician la cabeza.
3. Cuando escucho mi canción favorita.
4. Cuando converso con personas de mi confianza y me escuchan sin juzgar.
5. Cuando me siento reconocido.

ESTADO DE COMPROMISO SOCIAL (RELAJACIÓN, TRANQUILIDAD Y BIENESTAR)

Mis desencadenantes

Escribe en una lista todo lo que consideres que te ponen en un estado de conciencia y equilibrio mental-corporal. Es posible que, en este estado, los desencadenantes coincidan con los momentos de balance. Por ejemplo:

1. Sentir control y aprovechamiento de mi tiempo.
2. Saber que puedo controlar mis emociones.
3. Pasar tiempo de calidad con mi pareja y mis hijos.
4. Hacer deporte.

¿Cómo me siento?

Escribe una lista de sensaciones tanto a nivel mental como corporal. Cuantos más detalles aportes, más ahondarás en tener una fotografía real de este estado para poder identificarlo a tiempo en ocasiones posteriores. Por ejemplo:

1. Plenas facultades de atención.
2. Plenas facultades de memoria.
3. Sensación de relajación, calma y bienestar.
4. Centrado en el presente, sin aturdirme el pasado ni el futuro.
5. Con control de planificación sin que ello me agobie.
6. Apetencia por conversar, sociabilizar, comer, practicar deporte, entre otros.

Mis momentos de balance

Escribe en una lista todo lo que te conduce de forma natural a sonreír, te hace vibrar, sentir en calma, estable y conectado. No tiene que estar relacionado con lo anterior. Por ejemplo:

1. Cuando paso tiempo con mis hijos/nietos.
2. Cuando me acarician la cabeza.
3. Cuando escucho mi canción favorita.
4. Cuando converso con personas de mi confianza y me escuchan sin juzgar.
5. Cuando me siento reconocido.

16
INTEGRA TODAS LAS PRÁCTICAS

¿Estás irritable? Corre, levanta pesas.
¿Con ansiedad? Respira profundamente.
¿Te cuesta dormir? Busca un momento en el día bajo la luz natural.
¿Estás apagado? Ponte tu lista de reproducción musical favorita.
¿Con niebla mental? Camina...

Si has llegado hasta aquí, seguramente ya estés preparado para identificar el estado de tu sistema nervioso y emplear los recursos necesarios para su regulación. Recuerda que los diferentes estados no funcionan de manera consecutiva o progresiva, sino que, ante una circunstancia desencadenante, la regulación de tu sistema puede verse alterada, pasando de un estado a otro sin previo aviso y sin posibilidad de regularlo. Es posible que manifiestes síntomas de los diferentes estados en un mismo día o en diferentes días también.

Como sabes, el objetivo de este libro es que aprendas a identificarlos y fortalezcas tu nervio vago de tal forma que, ya con el conocimiento, puedas elegir el recurso que mejor se adapta a ti en ese preciso instante para autorregularte. Tener la capacidad de poder saltar de un estado a otro de manera controlada y voluntaria significa alcanzar el bienestar mental y físico.

En el siguiente apartado de este capítulo comparto contigo varias recomendaciones de recursos que puedes usar en los estados de desregulación de tu sistema nervioso (movilización e inmovilización). Y más adelante, te regalo una guía con recomendaciones y prácticas a modo de breve manual para que puedas consultarlo en función de tus necesidades y circunstancias. Este es un esbozo de mi método REGULA, con el que he ayudado a muchas personas a desenmarañar y desgranar su sistema nervioso, con el objetivo de comprender su funcionamiento en situaciones de estrés o inflamación.

Hoy te toca a ti. Espero que la contribución y evidencia de la neurociencia te sirva a ti también de ayuda en este camino del autoconocimiento.

RECURSOS EN EL ESTADO DE MOVILIZACIÓN, LUCHA O HUIDA

Incentiva la entrada de información propioceptiva.

Recuerda el apartado de movimientos somáticos donde vimos que a través de tus músculos puedes liberar el exceso de actividad cerebral. Realizar cualquier actividad física que permita el estiramiento y contracción muscular favorecerá este proceso. Piensa en un simple ejercicio de levantamiento de pesas, flexiones o estiramientos en el suelo, levantamientos de grandes cargas o actividades de resistencia en una bicicleta. También actividades que impliquen ejercicio cardiovascular, como correr o saltar.

Date una ducha de agua fría

Como hemos visto anteriormente, la exposición al frío reduce los niveles de estrés, al disminuir la actividad de la amígdala, región del cerebro implicada en las emociones. Hay cada vez mayor evidencia científica que demuestra el uso de este recurso regulador y sus beneficios para tratar las alteraciones del estado de ánimo, entre otros, la ansiedad y depresión, mediante la regulación del sistema nervioso. La exposición al frío también acelera el metabolismo y fortalece el sistema inmune. Si no te atreves con una ducha de agua fría, prueba a echártela en la cara o colocar una pieza de hielo protegida con un paño fino sobre tus mejillas o pecho.

Busca la exposición a la luz solar

Seguramente en este estado, tu sistema nervioso tenga especialmente dificultad para relajarse de noche y conciliar el sueño. Tus ritmos circadianos —es decir, los que regulan los ciclos de sueño/vigilia—, necesitan una dosis diaria de exposición a la luz natural. Buscar un breve paseo o simplemente un momento en tu día de contacto solar te ayudará a regular estos ritmos biológicos, necesarios para la producción de melatonina cuando llega la noche. Si, además, tienes la posibilidad de buscar este contacto solar mientras te mueves (caminas, por ejemplo), estarás contribuyendo también con el estiramiento y contracción de tus músculos.

Crea y escucha tu playlist favorita y, si te ves animado, canta también

Ya vimos cómo la música puede activar regiones de tu cerebro como son las responsables de la memoria y hacerte transitar hacia un estado de calma y mayor bienestar. Además, si cantas o tarareas (también puedes hacer gárgaras), estarás activando tu nervio vago que discurre a esa altura conectado a los músculos de la garganta y cuerdas vocales. Es un fácil ejercicio para regular la actividad de este y tú eliges si cantar solo o apuntarte a un coro.

Tómate muy en serio los ejercicios de respiración nasal y diafragmática cuando estés especialmente agitado

Este tipo de respiración tiene una acción directa y más efectiva sobre tu amígdala cerebral, modulando la regulación de tus emociones. Antes de salirte de tu piel o tomar una decisión en caliente, prueba a tranquilizar tu sistema nervioso y regularlo a la baja con simples ejercicios de respiración.

RECURSOS EN EL ESTADO DE INMOVILIZACIÓN, DESCONEXIÓN O PARADA

En este estado puedes repetir algunos de los recursos anteriores que, si bien, te permiten regular tu sistema nervioso en cualquier medida, es decir, al alza o a la baja.

Integra en tu rutina el mindfulness y meditación

Si te encuentras en este estado, necesitarás activar los circuitos de la atención plena sin duda alguna. Todos tus esfuerzos deben estar dirigidos en recuperar tu estado de conciencia, atención plena y abandonar el piloto automático.

Tal y como vimos en el capítulo 12, la práctica de conciencia plena o *mindfulness* y meditación puede estar orientada a centrar tu atención en un estímulo en específico —por ejemplo, tu respiración o alguna sensación corporal (atención corporal)— o, por el contrario, a entrenar tu atención en tu situación presente, sin entrar en valoraciones ni juicios del pasado o del futuro. Esto último te garantiza lograr mayor bienestar. Recuperarás el control sobre tu atención, acallando así la posible rumiación de tu cerebro (red neuronal por defecto).

La práctica de *mindfulness* puedes realizarla de manera estática en algún espacio que consideres vital y que te aporte calma y tranquilidad. Como alternativa, puedes incorporar este ejercicio mientras caminas (o corres) ágil y vigorosamente. Activar la atención plena en movimiento es posible —y muy recomendable— si existe determinación y propósito.

Practica movimientos conscientes

A colación del punto anterior, también puedes ejercitar la atención a través de ejercicios lentos, controlados, conscientes y progresivos. Recuerda en este apartado la relevancia que ha adquirido en los últimos años el yoga o taichí.

Estas disciplinas son muy completas tanto en lo referido al fortalecimiento de la atención como a la adquisición de conciencia corporal (fundamentalmente, del sentido de la propiocepción). Al mismo tiempo, si lo practicas en algún entorno natural, estarás recibiendo una amplia contribución de datos sensoriales para tu cerebro que son los recomendables para su buen moldeado y regulación en estos casos. Caminar también es un buen ejercicio en este apartado, si se practica de forma consciente.

Busca la exposición a entornos que te nutran de estímulos sensoriales naturales

El sonido del mar, el contacto con la brisa, el sonido de los pájaros, el olor a vegetación, entre otro). Más allá de nutrirte con estímulos que son agradables para tu cerebro, compensando así su infoxicación, recuerda que entrar en contacto con entornos naturales mejora tu frecuencia cardiaca. Automáticamente, sentirás que tienes el corazón más tranquilo y contento. Asimismo, ese nuevo estado de calma te permitirá conectar mejor con tu cuerpo y volverte más perceptivo pues estás mejorando la comunicación de tu nervio vago. Ya ves, son múltiples beneficios al alcance de pequeños gestos.

En todas las prácticas anteriores, no te olvides de practicar la respiración consciente (nasal y diafragmática). Asimismo, busca la exposición a la luz solar porque seguramente también se vea tu sistema nervioso desregulado en lo que se refiere a tus ciclos de sueño/vigilia y, con ello, tu sueño alterado e interrumpido. Crea y escucha tu playlist favorita, canta —y baila también, ya que estamos—.

GUÍA (VERSIÓN ABREVIADA DEL MÉTODO *REGULA*)

Antes de plasmar lo que será tu nueva hoja de ruta para regular tu sistema nervioso, quiero recordarte que el éxito en su implementación reside en el hábito.

Como recordarás del décimo capítulo, nuestro cerebro aprende por repetición. No importa el tiempo que puedas dedicarle a cada práctica, lo importante es hacerle ver a tu cerebro que has pasado por ello varias veces en tu día, semana o mes. Solo así irá registrando ese nuevo aprendizaje y, por consiguiente, creará un nuevo circuito neuronal que se ocupe de ese nuevo saber. Lo importante es ser conscientes de que todos los inicios son difíciles, pues nuestro cerebro siempre nos alejará de lo nuevo pero que, tras pasar varias veces por ello, tu cerebro lo acabará registrando en su almacén.

1. Asegura un entorno amable y afectivo para poner en práctica las medidas.

2. Fortalece tu sistema nervioso a diario con ejercicios de atención mental y corporal que deberás practicar —de nuevo, todos los días— con independencia del estado en el que te encuentres. Intégralo todo ello en una breve práctica diaria que puede oscilar entre diez y treinta minutos, según persona.
    *   Elige el ejercicio de contención que mejor se adapte a ti.
    *   Elige el mejor ejercicio de balanceo y oscilación para ti.
    *   Elige el ejercicio de equilibrio que mejor se adapte a ti.
    *   Practica *mindfulness* y meditación.
    *   Asegura tu respiración nasal y diafragmática.

- Busca tu mejor estrategia para lograr un descanso de entre siete y ocho horas.

3. Semanalmente es recomendable que, como mínimo, al menos un día incorpores las siguientes rutinas:
- Exposición a luz solar.
- Exposición a una ducha de agua fría.
- Práctica de movimientos conscientes.
- Práctica de estiramientos musculares (somáticos).
- Presencia de música adaptada a ti (mientras conduces, cocinas, etc.)

4. Estados de desregulación. Esto deberás llevarlo a cabo a demanda, una vez identifiques el estado concreto de desregulación de tu sistema nervioso que estás experimentando. Lo primero, deberás mapear tu sistema nervioso para comprender con exactitud en qué estado te encuentras:
- Estado de movilización (lucha o huida)
   o Estiramientos musculares (en mayor cantidad que la dosis semanal).
   o Exposición al frío.
   o Exposición a la luz solar.
   o Influencia positiva de la música.
   o Respiración (más dirigida aún que la que practicas a diario)
- Estado de inmovilización (desconexión o parada)
   o *Mindfulness* y meditación.
   o Movimientos conscientes (en mayor cantidad que la dosis semanal).

o Exposición a entornos naturales.

o Exposición a luz solar.

o Influencia positiva de la música.

o Respiración (más dirigida aún que la que practicas a diario)

BIBLIOGRAFÍA

CAPÍTULOS 1 Y 2

Dabbish, L., Mark, G., González, V.M., Why do I keep interrupting myself?: Environment, habit and self-interruption. CHI '11: Proceedings of the SIGCHI Conference on Human Factors in Computing Systems, 2011, 3127-3130.

Hari, J. Stolen focus. *Why you can't pay attention,* 2022.

Lorenz-Spreen, P., Mønsted, B.M., Hövel, P., Lehmann, S. «Accelerating dynamics of collective attention». *Nature Communications,* 10, 1759 (2019)

Mark, G., Iqbal, S., Czerwinski, M., Johns, P., «Focused, Aroused, but so Distractible: Temporal Perspectives on Multitasking and Communications», CSCW '15: Proceedings of the 18th ACM Conference on Computer Supported Cooperative Work & Social Computing, 2015, 903-916.

Nerurkar, A., Bitton, A., Davis, R., Phillips, R., Yeh, G., «When Physicians Counsel About Stress: Results of a National Study», *JAMA Intern Med,* 2013, 173(1): 76-77.

Petersen, S. E., y Posner, M. I., «The attention system of the human brain: 20 years after», *Annual review of neuroscience*, 2012, 35, 73-89.

Shakya, H.B. and Christakis, N.A., «Association of Facebook use with compromised well-being: A longitudinal study», Am J Epidemiol, 2017, 185(3): 203-211.

Vanman, E.J, Baker, R., Tobin, S.J., «The burden of online Friends: The effect of giving up Facebook on stress and well-being», J Soc Psychol, 2018,158(4): 496-507.

Ward, A.F., Duke, K., Gneezy, A., Bos, M.W., «Brain Drain: The mere presence of one´s smartphone reduces available cognitive capacity», *Journal of the Association for the consumer research*, 2017, 2, 2.

CAPÍTULO 3

Bell, J.A., Kivimäki, M., Bullmore, E.T., Steptoe, A., Carvalho, L.A., «Consortium MI. Repeated exposure to systemic inflammation and risk of new depressive symptoms among older adults», Translational Psychiatry, 2017, 7, p.e1208.

Bullmore, E., *The inflamed mind. A radical new approach to depression,* Faber and Faber Ltd., 2018.

Dantzer, R., Kelley, K.W., «Stress and immunity: An integrated view of relationships between the brain and the immune system», *Life Sciences,* 1989, 44, 1995-2008.

Dantzer, R., O´Connr, J.C., Freund, G.G., Johnson, R.W., Kelley, K.W., «From inflammation to sickness and depression: When the immune system subjugates the brain», *Nature Reviews Neuroscience,* 2008, 9, 46-56.

Das, U.N., «Is obesity and inflammatory condition?», *Nutrition,* 2001, 17, 953-966.

Emeran, E. *The Mind-Gut Connection: How the Hidden Conversation Within Our Bodies Impacts Our Mood, Our Choices, and Our Overall Health,* Harper Wave, 2018.

Harrison, N., Brydon, L., Walker, C., Gray, M., Steptoe, A., Critchley, H., «Inflammation causes mood changes through alterations in subgenual cingulate activity and mesolimbic connectivity», *Biological Psychiatry,* 2009, 66, 407-414.

Khandaker, G.M., Pearson, R.M., Zammit, S., Lewis, G., Jones, P.B, «Association of serum interleukin 6 and C-reactive protein in childhood with depression and psychosis in Young adult life: a population-based longitudinal study», *JAMA Psychiatry,* 2014, 71, 1121-1128.

Kim, J., Yoon, S., Lee, S., Hong, H., Ha, H., Joo, Y., Lee, E., Lyoo, K., «A double-hit of stress and low-grade inflammation on functional brain network mediates posttraumatic stress symptoms», *Nat Commun.,* 2020, 11: 1898.

Luppino, F.S., de Wit, L.M., Bouvy, P.F., et al., «Overweight, obesity and depression: A systematic review and meta-analysis of longitudinal studies», Archives of General Psychiatry, 2016, 67, 220-229.

Miller, A.H., Raison, C.L. «The role of inflammation in depression: from evolutionary imperative to modern treatment target», *Nature Reviews Immunology,* 2016, 16, 22-34.

Osimo, E.F., Cardinal, R.N., Jones, P.B., Khandaker, G., «Prevalence and correlates of low-grade systemic inflammation in adult psychiatric inpatients: An electronic health record-based study», *Psychoneuroendocrinology,* mayo de 2018, 91: 226-234.

Pittenger, C., Dumain, R.S, «Stress, depression and neuroplasticity: A convergence of mechanisms», *Neuropsychopharmacology,* 2008, 33, 88-109.

Raison, C.L., Capuron, L., Miller, A.H., «Cytokines sing the blues: inflammation and the pathogenesis of depression», *Trends in Immunology,* 2006, 27, 24-31.

CAPÍTULOS 4-8

Dana, D., *Polyvagal practices: Anchoring the self in safety,* 2023, W.W. Norton Company.

Koopman, F.A., Chavan, S.S., Miljko, S., et al., «Vagus nerve stimulation inhibits cytokine production and attenuates disease severity in rheumatoid arthritis», *Proceedings of the National Academy of Sciences,* 2016, 113, 8284-8289.

Littrell, J., «The mind-body connection: Not just a theory anymore», Social work in Health Care, 2008: 17-37.

CAPÍTULO 9

Jacka, F.N., O'Neil, A, Opie, R., Itsiopoulos, C., Cotton, S., 10, Mohebbi, M., Castle, D., Dash, S., Mihalopoulos, C., Chatterton, M.L., Brazionis, L., Dean, O., Hodge, A.M., Berk, M., «A randomised controlled trial of dietary improvement for adults with major depression», BMC Medicine, 2017, 15-23.

Mayer, E., «The neurobiology of stress and gastrointestinal disease», Gut, 2000 Dec, 47(6): 861-869.

Möller-Levet, C., Archer, S.M., Bucca, G., Laing, E.E., Slak, A., Kabiljo, R., Y Lo, J.C., Santhi, N., Schantz, M., Smith, C.P., Dijk, D.J., «Effects of insuficient sleep on circadian rhythmicity and expresión amplitude of the human blood transcriptome», Proc Natl Acad Sci U S A, 2013,110(12): E1132-41.

Valicente, V.M., Peng, CH., Pacheco, K.N., Lin, L., Kielb, E.I., Dawoodani, E., Abdollahi, A., Mattes, R.D., «Ultraprocessed Foods and

Obesity Risk: A Critical Review of Reported Mechanisms», *Adv Nutr*, 2023, 14(4): 718-738.

Vidotto, L.S., Fernandes de Carvalho, C.R., Harvey, R., Jones, M., «Dysfunctional breathing: what do we know?», J Bras Pneumol, 2019,45(1): e20170347

Yoo, S.S., Gujar, N., Hu, P., Jolesz, F.A., Walker, M.P., «The human emotional brain without sleep – A prefrontal amygdala disconnect», Curr Biol, 2007, 17 (20): R877-8.

CAPÍTULO 10

de Oliveira, R.M.W., «Neuroplasticity», J Chem Neuroanat, 2020, 108:101822

Dolan, R. J., Dayan, P., «Goals and habits in the brain», Neuron, 2013 Oct 16,80(2): 312-25

Hilário, M. R., Costa, R.M., «High on habits», Front Neurosci, 2008, 2(2): 208-17.

Jabaudon, D., López-Bendito, G., «Development and plasticity of thalamocortical systems», Eur J Neurosci, 2012, 35(10): 1522-3.

Mancini, A., De Iure, A., Picconi, B., «Basic mechanisms of plasticity and learning», Handb Clin Neurol, 2022,184: 21-34.

Neves, G., Cooke, S.F., Bliss, T., «Synaptic plasticity, memory and the hippocampus: a neural network approach to causality», *Nat Rev Neurosci*, 2008, 9(1): 65-75.

CAPÍTULOS 11 Y 12

Castellanos, N., *Neurociencia del cuerpo. Cómo el organismo esculpe el cerebro*, Editorial En Órbita, 2022.

Chiesa, A., Calati, R., Serretti, A., «Does *mindfulness* training improve cognitive abilities? A systematic review of neuropsychological findings», *Clinical psychology review*, 2011, 31(3), 449-464.

Corbetta, M., «Frontoparietal cortical networks for directing attention and the eye to visual locations: identical, independent, or overlapping neural systems?», *Proceedings of the National Academy of Sciences,* 1998, 95(3), 831-838.

Dewar, C., *Body Scan. Mindfulness and Meditation at University,* 2021.

Fan, J., McCandliss, B. D., Fossella, J., Flombaum, J. I. Posner, M. I., «The activation of attentional networks», Neuroimage, 2005, 26(2), 471-479.

Fox, K. C., Nijeboer, S., Dixon, M. L., Floman, J. L., Ellamil, M., Rumak, S. P., Christoff, K., «Is meditation associated with altered brain structure? A systematic review and meta-analysis of morphometric neuroimaging in meditation practitioners», *Neuroscience y Biobehavioral Reviews,* 2014, 43, 48-73.

Gothe, N., Pontifex, M.B., Hillman, Ch., McAuley, E., «The acute effects of yoga on executive function», J Phys Act Health, 2013,10(4): 488-95.

Héroux, M.E., Butler, A.A., Robertson, L.S., Fisher, G., Gandevia, S. C., «Proprioception: a new look at an old concept», J Appl Physiol, 2022, 132(3): 811-814.

Hölzel, B. K., Ott, U., Hempel, H., Hackl, A., Wolf, K. Stark, R., Vaitl, D., «Differential engagement of anterior cingulate and adjacent medial frontal cortex in adept meditators and non-meditators», Neuroscience letters, 2007, 421(1), 16-21.

Kabat-Zinn, J., Forward. In F. Dinonna (Ed.), Clinical handbook of *mindfulness,* New York, NY: Springer, 2009-

Peper, E., Lin, I., Harvey, R., Perez, J., «How Posture Affects Memory Recall and Mood», Biofeedback, 2017, 45, 2, 36-41.

Posner, M. I., Rothbart, M. K. Tang, Y. Y., «Enhancing attention through training», *Current Opinion in Behavioral Sciences*, 2015, 4, 1-5.

Siegel, D. J., « *mindfulness* training and neural integration: Differentiation of distinct streams of awareness and the cultivation of well-being», *Social cognitive and affective neuroscience*, 2007 2(4), 259-263.

Tang, Y. Y., Hölzel, B. K., Posner, M. I., «The neuroscience of *mindfulness* meditation», *Nature reviews neuroscience*, 2015, 16(4), 213-225.

Tang, Y. Y., Posner, M. I., «Attention training and attention state training», Trends in cognitive sciences, 2009, 13(5), 222-227.

Wayne, P.W., Walsh, J.N., Taylor-Piliae, R., Wells, R.E., Papp, K., Donovan, N., Yeh, G., «Effect of tai chi on cognitive performance in older adults: systematic review and meta-analysis», *J Am Geriatr Soc*, 2014,62(1): 25-39.

White, L., Helfinstein, S., Reeb-Sutherland, B., Degnan, K., Fox, N., «Role of Attention in the Regulation of Fear and Anxiety», *Developmental Neuroscience*, 2009, 31, 309-317.

Yang, C. C., Barrós-Loscertales, A., Li, M., Pinazo, D., Borchardt, V., Ávila, C.,Walter, M., «Alterations in brain structure and amplitude of low-frequency after 8 weeks of *mindfulness* meditation training in meditation-naïve subjects», *Scientific Reports,* 2019, 9(1), 10977.

CAPÍTULO 13

Dana, D., *Polyvagal exercises for safety and connection*, W.W. Norton Company, 2020.

Feldenkrais, M., *Awareness through movement,* Thorsons, 1991.

Van der Kolk, B., *The body keeps the score*, Penguin Random House, 2015.

CAPÍTULO 14

Brown, D.K., Barton, J.L., Gladwell, V.F., «Viewing nature scenes positively affects recovery of autonomic function following acute-mental stress», *Environ Sci Technol*, 2013, 47(11): 5562-5569.

Brown, S., Martinez, M.J., Parsons, L.M., «The Neural Basis of Human Dance», *Cerebral Cortex*, 2006,16:1157-1167

Dumay, N., «Sleep not just protects memories against forgetting, it also makes them more accessible», *Cortex*, 2016, 74:289-96.

Germain, A., Dretsch, M., «Sleep and resilience – A call for prevention and intervention», *Sleep*, 2016 May 1, 39(5): 963–965.

Gerritsen, R.J.S, Band, G.P.H., «Breath of life: the respitaroy vagal stimulation model of contemplative activity», Frontiers in Human Neuroscience, 2018, 397.

Jeong, Y., Hong, S., Lee, M., Park, M., Kim, Y., Suh, C., «Dance movement therapy improves emotional responses and modulates neurohormones in adolescents with mild depression», Int J Neurosci, 2005, 115(12):1711-20.

Kulur, A.B., Haleagrahara, N., Adhikary, P., Jeganathan, P.S., «Effect of diaphragmatic breathing on heart rate variability in ischemic heart disease with diabetes», Arq Bras Cardiol, 2009, 92(6):423-9, 440-7, 457-63.

Ma, X., Yue, Z., Gong, Z., Zhang, H., Duan, N., Shi, Y., Wei, G., Li, G., «The effect of Diaphragmatic breathing on attention, negative affect and stress in healthy adults», Front Psychol, 2017, 8: 874.

Moreno, S., Bialystok, E., Barac, R., Schellenberg, E.G., Cepeda, N.J., Chau, T., «Short-Term Music Training Enhances Verbal

Intelligence and Executive Function», *Psychol Sci,* 2011 Nov, 22(11): 1425-1433.

Park, B.J., Tsunetsugu, Y., Kasetani, T., Kagawa, T., Miyazaki, Y., «The physiological effects of shinrin-yoku (taking in the forest atmosphere or forest bathing): evidence from field experiments in 24 forests across Japan», *Environmental Health and Preventive Medicine,* 2010,15, 18-26.

Rehfeld, K., Lüders, A., Hökelmann, A., Lessmann, V., Kaufmann, J., Brigadski, T., Müller, P., Müller, N.G., «Dance training is superior to repetitive physical exercise in inducing brain plasticity in the elderly», PLoS One, 2018, 11,13(7): e0196636

Tara, S., *The source: Open your mind, change your life.* Vermilion, 2020.

Thoma, M.V., La Marca, R., Brönnimann, R., Finkel, L., Ehlert, U., Nater, U.M., «The Effect of Music on the Human Stress Response», PLoS One, 2013, 8(8).

Zelano, C., Jiang, H., Zhou, G., Arora, N., Schuele, S., Rosenow, J., Gottfried, J.A., «Nasal Respiration Entrains Human Limbic Oscillations and Modulates Cognitive Function», *Journal of Neuroscience,* 2016, 36 (49) 12448-12467.

Este libro terminó de imprimirse en el mes de octubre de 2024 en Industria Gráfica Anzos, S. L. U. (Madrid).